新訂版
タナゴのすべて

CONTENTS

新訂版　タナゴのすべて

魚には、様々な色や形をしているものがある。また、その生き方も様々である。一般的に、寒帯地方よりも熱帯地方の方が生物の種類が豊富であることから、様々な色彩や生活様式の異なる種類が見られる。そのため、多くのアクアリストたちの関心を引くのは、海水魚でも淡水魚でもいわゆる"熱帯魚"と呼ばれるものである。

　我々が生活している日本もまた、温帯としては生物相の豊かな土地である。島国であるにもかかわらず、昔は大陸の一部であったことから、大陸由来の純淡水魚の種類が豊富である。日本は南北に長い列島であるために、冷水性の魚類から温帯性、沖縄県の汽水魚を含めれば熱帯魚までが見られる。

　これらの魚の中で、色彩の美しいグループのひとつとしては、コイ科魚類があげられる。中でもタナゴの仲間は格別で、産卵期のオスに現れる婚姻色の美しさは、熱帯魚とは異なった魅力をもっている。

　また、タナゴの仲間は美しさだけではなく、生態も大変おもしろい。魚類は、種によって様々な場所に産卵する。キンギョのように水草に卵を産みつけたり、タイやヒラメのように浮く卵をばらまいたり、モロコの仲間のように砂底に卵をばらまいたり、ハゼの仲間のように石の下に卵を産みつけたり、テンジクダイのように口に卵をくわえて守ったりと、他にも様々な種類がたくさんいる。

　ところが、生きている二枚貝のエラに卵を産みつけるのは、タナゴの仲間だけである。ヒガイの仲間も二枚貝に卵を産みつけるが、これは外套腔に産みつけるというものだ。同じ貝でも外套腔に卵を産みつけるのと、エラの鰓葉腔に産みつけるのでは、難易度がかなり異なる。しかし、この変わった産卵生態があだとなり、タナゴの日本での生存を脅かす原因となっていることも事実である。

　それは、開発や利水・治水、農薬、産業・生活排水などによって、タナゴが卵を産みつける二枚貝類が全国的に著しく減少しているからである。二枚貝類というのは、タナゴよりも生存していくための条件が厳しい。様々な条件が整って初めて生活できる。そのため、前述の条件により、どんどん生息地が失われているのである。その結果、産卵するための二枚貝がいなくなり、タナゴそのものも数を減らしている。

　さらに、心ない人々によって放流されてしまった、ブラックバスやブルーギルといった肉食性の外来魚の餌食となって減少していることは言うまでもない。それだけではなく、中国からレンギョやソウギョなどの食用魚の種苗に混じって日本に持ち込まれたと言われているタイリクバラタナゴの分布拡大に伴って、在来のタナゴたちが生活場所を追われている例もある。さらに近年では、大陸から持ち込まれたオオタナゴが一部で繁殖している。

　本当のアクアリストならば、自然を理解し、自然を楽しむ一環として飼育を楽しんでいただきたい。

東海大学海洋学部水産学科増殖課程助教授　秋山信彦

タナゴの魅力と楽しみ方

撮影／橋本直之

1. タナゴ釣り

古くは江戸時代から楽しまれている夕ナゴ釣り。その奥深い世界は多くの釣り人を魅了し、今日ではタナゴが生息している水景では、必ずと言っていいほどタナゴ釣り師の姿が見られるようになった。季節や、対象とするタナゴの種類によって選ぶポイントや釣り方に違いがあるのだが、その奥深さもタナゴ釣りの魅力となっている

船溜まりで釣れたアカヒレタビラ。このような船溜まりでは、地域にもよるが、他にもタイリクバラタナゴやタナゴ（マタナゴ）などの釣りも楽しめる

厳寒期の関東地方では、湖につながる船溜まり（ドック）でのタナゴ釣りが代表的である

釣り上げたカネヒラ。婚姻色を現したカネヒラは非常に美しく、タナゴの中でも、釣りの対象として特に人気が高い

菜の花に囲まれた河川でのタナゴ釣り。フィールドを訪れることによって、四季を感じ取ることができるのも、タナゴ釣りの魅力である。初春の茨城県にて

餌に食い付いたカネヒラのオス。後ろには、カネヒラを襲おうとする、外来魚ブラックバスの姿も見える。初秋の琵琶湖にて

右／釣り上げられたシロヒレタビラのメス。初夏の大阪にて
下／同じポイントで釣れたシロヒレタビラのオス。この美しい婚姻色は現地でこそ味わえるもので、水槽内でこれほどの体色を引き出すのは難しい

2. 美しい婚姻色

日本産淡水魚類の中でも、圧倒的な美しさを誇るタナゴの婚姻色。婚姻色とは繁殖期のオスにのみ現れるもので、発色の仕方は種類によって違いがある。繁殖期には日増しに体色が美しくなり、その変化には目を疑うほどである

通常時のイチモンジタナゴのオス。写真の個体はやや色づいているが、寒い時期には全身銀色に近く、メスとの区別が難しい

婚姻色を現したイチモンジタナゴのオス。名前（一文字）の由来となった青緑色のラインもくっきりと現れている

3. 繁殖のおもしろさ

産卵が近づくと、メスは産卵管を伸ばし、二枚貝のエラに産卵管を差して卵を産みつける。二枚貝の中でふ化した稚魚は、やがて浮上して泳ぎ始める。このようなおもしろい生態が水槽内で楽しめるのも、タナゴの魅力のひとつである

産卵床となる二枚貝を覗き込むイチモンジタナゴのペア。このような"覗き込み"は、産卵前には必ず見られる光景である（P／秋山）

タイリクバラタナゴに卵を産みつけられた二枚貝。すでに魚らしい形に成長している仔魚の姿が見える（P／秋山）

二枚貝へ産卵中のイチモンジタナゴのメス。イチモンジタナゴは、一度に10～30卵程度の卵を産みつける（P／秋山）

日本産タナゴ・カタログ

撮影／橋本直之

ヤリタナゴ
Tanakia lanceolata

婚姻色を現した九州産のオス。九州産の個体は、本州産の個体に比べると体高が低いなどの違いがある

九州産のメス

●本来の分布域

●本州、四国、九州

全　長●10〜13cm

地方名●マタナゴ(関東)、カメンタ(岡山)、ニガブナ(九州北部)、ボテ、ボテジャコ(滋賀県)

日本産タナゴ類では、もっとも分布が広い。海外では、中国・北朝鮮国境の鴨緑江水系を北限に、朝鮮半島の広い範囲に分布している。産卵期は4〜6月。婚姻色は、地域によって多少の差があるが、エラ蓋後方と腹側寄りの体側が赤みを帯び、腹側と腹ビレが黒色、また体側のその他の部分は緑色になり、なわばりを持つオスではさらに緑色部が濃い紫色に変化することがある。このほか、背ビレ、しりビレの最外縁部が細く黒く縁取られ、その内側が三角形に幅広く赤く色づく。最大体長は13cmほど。性質は、通常は比較的温和で、他魚との混泳も可能。食性は動物食に偏った雑食性で、人工飼料にも良く慣れるが、たまに植物質の餌を混ぜて与えると調子がよい。飼育下での繁殖は容易ではない（赤井）

埼玉県産のオス。関東地方のヤリタナゴのオスでは、しりビレの赤い縁取りは繁殖期の初めから赤く発色し、次第に濃くなっていくとされている

岡山県産のオス。ヤリタナゴの中では大型に成長する。繁殖期のオスのしりビレは、出始めにオレンジ色、最盛期には紅色に変化するとされている

福島県で釣り上げられたメスで、体背部や背ビレの付け根などに大きな鱗が散在しているのが特徴。コイ以外に、野生の魚で鱗がこのように変化した例は少ない（P／石津）

鱗の上にシルバーメタリックが乗った個体で、ギンリン（銀鱗）ヤリタナゴと呼ばれる（左がオス）。このような変異は、九州産や琵琶湖産などの個体で稀に見られる。銀ラメはバクテリアが付着したもので、次第に落ちていってしまうことがある

桜の下で、花見酒ならぬ花見釣り。ヤリタナゴが釣れるこの用水路は、水深は40〜60cm、水の透明度は非常に高く、魚たちの姿がはっきりと確認できるほどであった。春の埼玉県にて

左ページのポイントで釣れたヤリタナゴのオス。美しい婚姻色は見応え十分。このポイントでは、他にタイリクバラタナゴやギンブナなども釣れた

ヤリタナゴやアブラボテ、カネヒラなどが生息している幅数十mの用水路。九州にて

右上写真のポイントで、初夏に採集したヤリタナゴの稚魚たち。橋桁の下に多数で群れていた

採集後1ヵ月ほど飼育したところ、全長2cmほどに成長した

婚姻色を現していない時のオス（埼玉県産）。時期によっては、ヒレ先のオレンジ色はさらに薄い。このような体色から、繁殖期には美しい婚姻色へと変貌を遂げるのである

飼育しているうちに、次第にエラ蓋が透けて見えるように変化した個体（九州産のメス）。この現象は他のタナゴ類でも稀に見られるが、健康には問題ないようだ

アブラボテ
Tanakia limbata

九州産のオス

釣り上げられた直後のオスで、繁殖期のため吻先には白い追星が現れている。初夏の九州にて

●本来の分布域
●本州静岡県西部以西、四国、九州

全　長●9～10cm
地方名●アブラタナゴ（愛知）、アブラセンバ（岐阜）、ボテ、ボテジャコ（滋賀県）
日本固有種。産卵期は初夏を中心とするが、夏前後になっても発情している個体もいる。産卵期のオスの婚姻色は生息地域によって変異が非常に大きく、体側はオリーブグリーン（岐阜県から淀川水系）、黒紫色（岡山県）、赤褐色（九州地方）などに色づく。各ヒレは、全体または縁取りが幅広く黒く色づく。本州中部から近畿付近では、しりビレは黒い1本の縁取りとなるが、九州では明瞭な2条の黒線となる。気性は比較的荒く、特に繁殖期のオスは他の魚をよく攻撃するため、混泳水槽には適していない。食性は動物食に偏った雑食性で、たまにアカムシなども与えるとよい（赤井）

田んぼの脇を流れる細い用水路も、
アブラボテの生息域となる

アブラボテは、タナゴ類の中では
性質が荒い方で、この水槽例では、
産卵用の二枚貝を入れると強いオ
ス個体がテリトリーに陣取り、他
の個体を追い払ってしまった

アブラボテが産卵しようとする度に、ヤリタナゴ
のオスが横から割り込み、アブラボテのペアを追
い払ってしまった。まさに横ヤリである

二枚貝投入後、まる1日
ほど経った頃、陣取っ
ていたオスがメス（産
卵管が伸びている個体）
を迎え入れた。この光
景からは産卵間近と思
われたが…

ニッポンバラタナゴ

Rhodeus ocellatus kurumeus

二枚貝周辺で闘争する福岡県産のオス（P／秋山）

産卵管の伸びた大阪府産のメス（P／増田）

●本来の分布域

●琵琶湖淀川水系以西、四国瀬戸内海側、九州
北部まで

全　長●5～7cm

地方名●バラタナゴ、カメンタ（岡山）、ニガブナ
（九州北部）、ボテ、ボテジャコ（滋賀県）

日本固有亜種とされている。現在では、北部
九州のごく一部と大阪府のわずかな場所のみ
に生息する。産卵期は4～9月末頃までで、盛
夏期にいったん産卵を停止し、再成熟しない
ものもいる。婚姻色は、腹ビレが全体に漆黒
色となり、体側ではエラ蓋後方と腹側の体前
半部が濃い赤色、体側中央付近も尾ビレ近く
まで幅広く赤色に覆われる。この他、腹側の
縁辺部はアゴ下から腹ビレまでの区間に黒い
縁取りが出るが、この腹側の黒色は、九州産
よりも本州産が顕著。性質は比較的温和。混
泳水槽では他の魚類に負けて餌を食べられな
いこともあるので、単種飼育がよい。食性は、
やや動物食に偏った雑食性。自然下では、止
水域を好む（赤井）

二枚貝を覗き込む福岡
県産のペア（P／秋山）

懸命に卵を産みつけるメス。後ろで
はオスが見守っている（P／秋山）

ドブガイ（A型）。ニッ
ポンバラタナゴの産卵
床に使われる二枚貝の
ひとつ（P／増田）

タイリクバラタナゴ

Rhodeus ocellatus ocellatus

岐阜県産のオス

茨城県産のメス

幼魚期には、雌雄ともに背ビレの黒斑がよく目立つ

全　長●6〜10cm

地方名●オカメタナゴ（関東・もとはゼニタナゴの意味）

中国原産。日本へは1942年以降、ソウギョ、ハクレンなどの種苗に混じって、中国揚子江水系の九江市付近から最初に入ったと言われる。北海道の一部から九州南部にまで分布。国内では、ニッポンバラタナゴと交雑したものが広がっていると考える見解もある。環境省の「生態系被害防止外来種リスト」では「重点対策外来種」に指定されている（2020年8月時点）。海外では、中国北部からベトナム北部まで、東アジア地域に幅広く分布。産卵期は4月初旬から10月初旬。婚姻色は、体側が前半部及び腹側を中心に桃赤色になり、背中側には緑色の光沢が出る。ニッポンバラタナゴのような、腹側の黒い縁取りは出ない。最大体長は8cm程度。性質は比較的温和。食性は、やや動物食に偏った雑食性で、人工飼料によく慣れる。止水環境を好む。二枚貝の種の選択性はあまり強くないが、50〜80mm程度のドブガイ類によく産卵する（赤井）

黄変個体。タナゴ類では、このような体色の変化は非常
に珍しい

透明鱗個体。透明鱗という変異は、他のタナゴ類でも稀
に見られる

晩冬に網で採集した2cm前後の幼魚を泳がせた飼育例。ヘアーグラス
（前面の水草）とバリスネリアで、自然らしさを演出したレイアウト

このような船溜まりは、タイリクバラタナゴなどの越冬場所になる

水槽サイズ：45×30×30cm
フィルター：底面式
底砂：田砂
魚：タイリクバラタナゴ
水草：ヘアーグラス、セキシ
　　　ョウモ

DATA

カゼトゲタナゴ
Rhodeus atremius atremius

婚姻色を現したオス

メスの成魚。本種は、未成魚やメスでは背ビレに黒斑が入る

●本来の分布域

●九州北部

全　長●5〜7cm
地方名●ニガブナ（九州北部）
九州北部のみに分布するものが、この亜種名で呼ばれている。中国浙江省などにも類似のものが分布しているが、分類上の整理は行なわれていない。産卵期は春から初夏。婚姻色は、体の腹面が濃い黒色となる他、しりビレにも幅広い黒い縁取りが出る。また、この黒い縁取りの内側と、口唇部分が朱赤色となる。体側前半と体側背中側はやや青みを帯びる。性質は温和で、他魚を攻撃することはない。食性は動物食に偏った雑食性で、人工飼料にも慣れるが、たまに小型甲殻類やアカムシなどを混ぜるとよい。湧水が比較的近くにあるゆるやかな流水を好み、底層付近を細長い群れで移動する。飼育下では数匹以上で飼育すると調子がよい。水槽内での繁殖も可能（赤井）

30cm水槽を使ったペア飼育水槽例。本種は小型のため、少数であればこのような小型水槽でも飼育が楽しめる。底面式フィルターの上にはウールマットを敷き、砂がフィルターの下にこぼれ落ちるのを防いでいる

ふ化から発生の過程を追う

タナゴのふ化から仔魚の発生の様子を、人工ふ化をさせたカゼトゲタナゴを例に見ていこう。タナゴは、種類によって卵や仔魚の形に違いがあることが知られており、詳しくはモノクロ105ページで紹介している

撮影／秋山信彦

水槽サイズ：31×19×24（高）cm
フィルター：底面式
底砂：田砂
魚：カゼトゲタナゴ
水草：セキショウモ

DATA

受精後4時間経過した卵

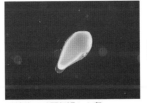

受精後40時間経過した卵

ふ化後1日の仔魚

ふ化後21日の仔魚。骨や内臓の一部が透けて見える。カゼトゲタナゴの場合、この頃から浮上して餌を食べ始める個体もいる

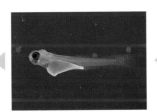

ふ化後14日の仔魚。体形は魚らしくなり、目も発達してきた。卵黄も吸収され始めている

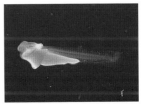

ふ化後7日の仔魚。まだ目は発達していない。腹部の黄色い部分は、餌を食べるまでの栄養源となる卵黄物質である

アカヒレタビラ

Acheilognathus tabira erythropterus

婚姻色を現したオス（P／石津）

茨城県産アカヒレタビラのメス

●本来の分布域

●関東以北の本州太平洋側

全　長●9〜10cm

地方名●マタナゴ、タビラ

かつては「アカヒレタビラ Acheilognathus tabira」の1種であったが、2007年に本種、キタノアカヒレタビラ、ミナミアカヒレタビラに分離された。比較的大きな湖沼や河川の下流部で、河川と湖沼や他の用水路との接続部付近の深みに多く生息する。完全な止水は好まず、水の出入りのある場所を好む傾向がある。全体が浅い沼地や溜め池などには、ほとんど出現しない。他のタナゴ類が少ない場所、特にヤリタナゴが進出していない河川などでは、小河川にまで生息域を拡張する場合がある。産卵期は初夏で、メスは1産卵期中に1回しか産卵管を伸ばさないことが多い。産卵は殻長5〜7cm程度のイシガイ類か、ヨコハマシジラガイに行なわれることが多い。他のタナゴ類との混泳は可能だが、なわばりを持つ傾向が強い。水深40cm以上の水槽で飼育すると、婚姻色をよく現す（赤井）

60×30×36（高）cm水槽に、早春に釣り
上げた多数のアカヒレタビラを泳がせた飼
育例。魚の遊泳スペースを確保するため、
水草は少なめに植えている。同ポイントで
釣れたタイリクバラタナゴも1匹収容

水槽サイズ：60×30×36（高）cm
フィルター：外部式
底砂：田砂
魚：アカヒレタビラ、タイリクバ
ラタナゴ
水草：オオカナダモ、セキショ
ウモ
DATA

冷凍アカムシに群がるアカヒレタビラ。飼育匹数
が少ない場合は、冷凍飼料は水で解凍し、適量を
スポイトで与えるとよい

ミナミアカヒレタビラ　*A.t.jordani*
アカヒレタビラに比べると、やや体高が高い。また他の2種とは違って、
しりビレがピンクがかっている傾向がある。産卵に好む二枚貝の種類
はアカヒレタビラと同様（撮影協力／島根県立宍道湖自然館ゴビウス）

キタノアカヒレタビラ
A.t.tohokuensis
アカヒレタビラに比べると本種のほうがやや体高があり、顔
（吻先にかけて）がシャープな傾向がある。産卵に好む二枚
貝の種類はアカヒレタビラと同様

シロヒレタビラ

Acheilognathus tabira

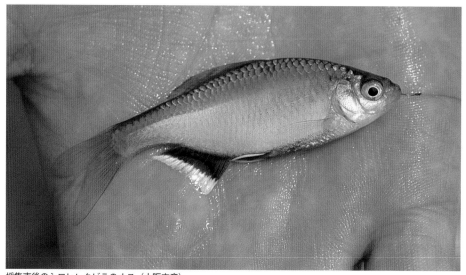

採集直後のシロヒレタビラのオス（大阪府産）

大阪府産のメス

●本来の分布域

●琵琶湖淀川水系から山陽地方

全　長●9～10cm
地方名●カメンタ（岡山）、ボテ、ボテジャコ（滋賀県）

婚姻色は、背中から体側部分は青緑色、エラ蓋後方と腹側にはやや赤味を帯びるが、腹面は幅広く黒色となる。しりビレは、外縁部が幅広く白く色づきその内側が黒くなるが、琵琶湖淀川水系産は最盛期前にはヒレ縁辺部が黄色味を帯びる。食性は幅広いが、植物食にやや偏った雑食性。生き餌も食べるが、付着藻類を比較的多く食べる。自然下では、大型湖沼や、大河川の中・下流部に多く、水底付近を好む傾向が強い。成熟期のオスの気性は荒く、天然で広いなわばりを持つため、水槽内で多くの個体や他種を混泳させるのは適さない。タビラ類はいずれも、イシガイ類の小型のものや、産地によってはマツカサガイ類に産卵する（赤井）

24

シロヒレタビラが生息する
ワンド。周囲はアシが生い
茂っている。このような場
所では、釣りでの採集がベ
スト。初夏の大阪にて

岸際の、アシやガマなど水生植物の
脇がポイントとなる

このワンドで釣れたシロヒレタビラのメス。餌は黄身練り

同ワンドで釣れたオスで、婚姻色が鮮やかだ。他に、コ
ウライモロコやクチボソも釣れた

このような浅いワンドでは、ウェーダーを履けば網での採集も楽しめる。テナガエビ、ヤゴ、ヨシノボリなどが採集できた

網で採集された二枚貝。シロヒレタビラの産卵床に使われているのだろう

同ワンドで採集したシロヒレタビラ（オス1匹、メス2匹）、コウライモロコ、ヨシノボリなどを泳がせた飼育例。水槽中央の石で囲んだ中には、繁殖用の二枚貝（ドブガイ×2、イシガイ×1）が収容されている

コウライモロコ。濃尾平野以西の本州や九州の他、朝鮮半島にも生息している。性質は温和で、多数飼育が適している

トウヨシノボリのオス。ヨシノボリなどのハゼ類は、性質が荒くタナゴ類との混泳に向いていない種が多いが、写真の個体は他の魚にちょっかいを出すこともなく、問題なく混泳が楽しめている

婚姻色を現しているオス。しりビレの、黒と白
のコントラストが特徴的

婚姻色を現していない平常時のオス
で、写真上と同個体である。しりビ
レは、繁殖期には白と黒で染まるが、
普段は縁がオレンジがかる程度と、
まるで別種のようだ

セボシタビラ

Acheilognathus tabira

婚姻色を現し始めたオス

産卵管が伸び始めているメス

●本来の分布域
●熊本県以北の九州と壱岐島

全　長●9～10cm
地方名●ニガブナ（九州北部）

セボシ（背星）の語源は、幼魚期に背ビレに黒
斑が生じることによる。婚姻色は、背中から
体側部分は青緑色、エラ蓋後方、腹側、背ビ
レの外寄りの部分などに赤味を帯びる。しり
ビレは淡い赤色を帯びるが、最盛期には外縁
部付近が純白に色づく。タビラ類の中では、
本種は流水中に生活する傾向がもっとも強く、
また他のタビラ類同様、あまり中層に浮かぶ
ことはなく水底付近を好む。食性は幅広く、
付着藻類をよく食べるが、生き餌にも興味を
示す。壱岐島のセボシタビラについては、タ
ビラ3亜種との分類を含めて不明な点が多い。
また、中国にもタビラがいるという説もあり、
今後の分類学的整理が必要（赤井）

タナゴ

Acheilognathus melanogaster

採集直後のオス。婚姻色が現れており、吻先の追星もよく目立つ

全　長●9～12cm

地方名●マタナゴ（関東）

日本固有種。かつては、*A.moreoke*の学名が用いられていた。タナゴ類の中では比較的早く3月頃から発情が始まり、春から初夏に産卵する。婚姻色は、体側は背中側を中心に幅広く青色に色づき、エラ蓋後方と腹側には桃色が出るが、顎の下からしりビレ基点にかけての長い範囲は、幅広く黒色となる。学名は、この腹側が黒い特徴を意味する。腹ビレは全体が黒くなり、背ビレも外縁部を中心に黒味が増し、またしりビレも内側は黒くなるが、外縁部は細く鮮やかに純白色で縁取られる。食性は幅広い雑食性で、生き餌によく反応するが、付着藻類もよく食べる。通常は、河川下流部の流れが少なく深みのある水草群落付近や大小の湖沼などに多いが、河沼と河川の間を移動する。性質は比較的温和で他のタナゴ類との混泳も可能だが、過密での飼育は苦手とする。水槽内での繁殖は可能で、10cm前後のドブガイ類などに産卵する（赤井）

婚姻色を現したオス（上）と、産卵管が伸び始めているメス

●本来の分布域

●東北地方太平洋側から関東地方まで

29

カネヒラ

Acheilognathus rhombeus

琵琶湖産のオス（P／石津）

琵琶湖産のメスで、産卵管がよく伸びている

●本来の分布域

●濃尾平野以西の本州から九州北部

全長●13〜16cm　地方名●オクマボテ（婚姻色が出た大型個体を区別する場合：琵琶湖一帯）、ボテ、ボテジャコ（滋賀県）

朝鮮半島にも分布し、また中国にも類似の個体が見られ、分布の全貌は明らかでない。8月下旬から10月にかけての秋産卵を行なうが、初春から一時期成熟する個体もある。婚姻色は、体側前半の背中側が鮮やかな金色の光沢を帯びた黄緑色となり、体側に中央部には薄く青緑色も生じるが、腹側は幅広く桃色となる。背ビレとしりビレは桃色を帯びるが縁取りは白色で、この色分けはしりビレの方が明瞭に出現する傾向がある。食性は植物食にやや偏った雑食性で、葉の柔らかい水草も食べる。なわばりをもったオスは攻撃的になるが、なわばり半径はタビラ類などに比べると比較的小さく、大型水槽であれば混泳飼育させてもまったく問題ない。秋産卵性で、仔魚は二枚貝の中で越冬する。繁殖を成功させるには二枚貝を健康に飼育するため野外飼育が必要。産卵する二枚貝には、比較的大型のカタハガイを好む（赤井）

釣り上げられた直後のオスで、婚姻色が多少現れている。初夏の福岡にて

福岡県産のオス。婚姻色は、まだ完全には現れていない

福岡県産のカネヒラを採集した、幅の広い用水路

カネヒラの卵。タナゴ類の卵の中では丸みが強いのが特徴（P／秋山）

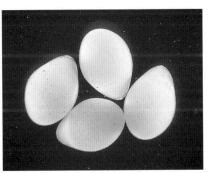

釣り餌のミミズに食い付いたカネヒラのオス。
初秋の琵琶湖にて

琵琶湖にて、釣り上げられた直後のオス。これでも十分美しいが、繁殖の最盛期にはさらに濃く色づく

琵琶湖でカネヒラ釣りを楽しめたポイント。カネヒラはこのポイントでは、石組み周辺に群れていた。竿先のやや左下に見えるオレンジ色のものがウキ。カネヒラの他、チチブ、ブラックバスなども釣れた

ポイント周辺の浅瀬には、琵琶湖と琵琶湖水系固有の水草、ネジレモ（スクリューバリスネリア）が繁茂していた

琵琶湖の浅瀬を泳ぐカネヒラのペア。左のオスには婚姻色が現れている。周辺では、オイカワやアユなどの姿も確認できた

ゼニタナゴ
Acheilognathus typus

闘争中のオス（P／秋山）

産卵管の伸びたメス

●本来の分布域

●東北から関東地方まで

全　長●9〜11cm

地方名●ニガビタ（茨城）、オカメタナゴ（関東）

日本固有種。9月中旬頃以降の秋に産卵する。体型やオスの婚姻色には産地によって差があるが、全身が青味を帯び、体色はよく反射する銀色で、各鱗の一部に黒色が強まるため、全体に暗めのいぶし銀色になる。背ビレ、しりビレは黒色の点列がはっきりと現れ、しりビレ外縁部は細くはっきりした黒い縁取りが出る。エラ蓋後方と、腹側には鮮やかな桃色が現れるが、産地によって、赤紫色の傾向が強い場合もある。アカムシなども食べるが、食性は植物食性が強く、自然下では通常は付着藻類を好んで食べており、飼育下でも植物性飼料を与えていないと長期飼育は困難。温和だが、秋産卵性で仔魚が二枚貝内で越冬するため、野外の庭池などで10cm前後の二枚貝に産卵させた後、4月に貝を取り上げて水槽に移し、5月初旬に浮上する後期仔魚（卵黄を吸収し終えた段階）を水面で取り集めて育成するとよい（赤井）

各ヒレをピンと張り（この行動はフィンスプレッディングと呼ばれる）、闘争するオス（P／秋山）

二枚貝を覗き込むペア（P／秋山）

産卵を控えたメスから伸びてきた産卵管

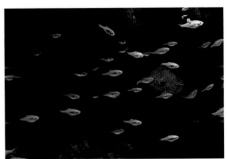

稚魚の群れ。秋産卵型のゼニタナゴの稚魚は、産卵の翌年4〜6月頃、二枚貝から浮上する（P／石津）

37

イチモンジタナゴ

Acheilognathus cyanostigma

体をくねらせ、二枚貝を覗き込むオス

産卵管を伸ばしたメス

●本来の分布域

●岐阜県、滋賀県、京都府、大阪府、福井県

全　長●6〜8cm

地方名●イロセンパラ（岐阜）、ボテ、ボテジャ
コ（滋賀県）

日本固有種。婚姻色は、体側の広い範囲が、
背中側は明るい緑色、腹側は桃色に色づく。
また、しりビレは全体に桃色味を帯びるが外
縁部は鮮やかな白色となる。濃尾平野産では、
腹側とエラ蓋後方が濃い赤色になり、腹ビレ
は全体に黒くなる。5月頃の初夏を中心に産卵
するが、盛夏期を越えて成熟を続ける場合も
ある。性質は、タナゴ類の中では比較的温和。
食性は雑食性だが、植物質をより好み、水槽
ではバランス良い給餌をしないと柔らかい葉
の水草も食べてしまう。止水域を好み、自然
下では湖沼や、河川と沼地などを結ぶ流れの
ない連絡水路、河川下流部の入り江状の安定
した水域などに生息している。野生個体では、
輸送時のエラの損傷や外傷などにやや弱い傾
向がある。水槽内での繁殖も可能で、10cm近
いドブガイ類などに産卵する（赤井）

採集直後のオス。繁殖期の自然下では、タナゴ類本来の婚姻色を楽しめる

イチモンジタナゴ（オス5匹、メス5匹）のみを泳がせ、繁殖を狙った飼育例。二枚貝（ニセマツカサガイ）は、移動して水草を抜かないよう、右手前の石で囲んだスペースに収容している

水槽サイズ：45×30×30cm
フィルター：底面式
底砂：田砂
魚：イチモンジタナゴ
水草：セキショウモ

DATA

二枚貝の上にたたずむペア。
メスからは産卵管が伸びており、産卵も近いだろう

スイゲンゼニタナゴ

Rhodeus atremius suigensis

婚姻色を現し始めたオス

成魚のメス。よく似ているカゼトゲタナゴに比べ、体色に透明感があることがわかる

●本来の分布域

●兵庫県千種川から広島県芦田川までの山陽地方各水系

全　長●5〜7cm
地方名●カメンタ（岡山）

朝鮮半島で記載された名が用いられているが、国内のカゼトゲタナゴや朝鮮半島産、中国大陸産の類似種との分類は再検討が必要と考えられている。タナゴ類ではもっとも小型の種。繁殖期は春から初夏。婚姻色は、体の腹面が細く黒色となるほか、しりビレにも幅広い黒い縁取りが出る。また、この黒い縁取りの内側と、口唇部分が朱赤色となる。体側前半と体側背中側はやや青みを帯びる。性質は温和で、他魚を攻撃することはない。食性は動物食に偏った雑食性で、人工飼料にも慣れる。自然下では、底層付近を細長い群れで移動する。種の保存法の「国内希少野生動植物種」に指定され、飼育、売買を前提とした展示、採集などを行なうことがすべて禁止されている（赤井）

ミヤコタナゴ
Tanakia tanago

埼玉県産のオス（協力／滑川町教育委員会エコミュージアムセンター）

全　長●6〜8cm　地方名●ミョウブタ（千葉県大原）、ジョンペ（千葉県南東部）、ナナイロ（埼玉）、オシャラクブナ（栃木）

日本固有種。「国指定天然記念物」であり、また種の保存法の「国内希少野生動植物種」にも指定され、飼育、売買、採集などが禁止されている。また、許可なく生息地に立ち入り調査するなど、生息の現状を変更するおそれのある行為もすべて禁止されている。婚姻色は産地による変異が極めて大きいが、腹ビレとしりビレが黒く縁取られること、その内側に帯状の鮮やかな朱赤色が生じること、体側の腹側や胸ビレが濃いオレンジ色に色づくことなどが共通点である。体側の背中側が濃い青紫色になる産地もあるが、出現しない産地もある。また、しりビレの黒い縁取りの入り方や、背ビレの外縁部の内側の色なども、産地により変異がある。千葉県などの一部の地域を除いて、天然個体が絶滅、あるいは繁殖集団が減少しており、政府から許可を受けた研究機関などで復元を目指して系統保存飼育される比重が、年々増してきている（赤井）

神奈川県産のペアで、メスは二枚貝に卵を産みつけている（P／秋山）

●本来の分布域

●関東地方

イタセンパラ

Acheilognathus longipinnis

繁殖期のペア。奥のメスからは、産卵管が伸びている（P／小川）

美しい婚姻色を現したオス（P／小川）

●本来の分布域

●濃尾平野、富山平野、琵琶湖淀川水系

全　長●9〜10cm

地方名●ビワタナゴ（別名）、イタセンバ（岐阜）

日本固有種。「国指定天然記念物」であり、また種の保存法の「国内希少野生動植物種」にも指定されて、飼育、売買、採集などが禁止されている。また、許可なく生息地に立ち入り調査するなど生息の現状を変更するおそれのある行為もすべて禁止されている。秋産卵を行なう習性があり、性成熟はおおよそ9月中旬以降である。婚姻色は、背ビレの黒点列が明瞭になり、しりビレにはっきりした黒い色の細い縁取りが生じること、また体側前半の腹側を中心に赤紫色が発現することなどが特徴。赤色部分の範囲などは、産地により差がある。また、しりビレの黒い縁取りの内側に、はっきりした白色が現れる傾向が強い産地もある。多くの産地で天然個体群がすでに絶滅しており、一部の研究機関が政府から許可を受けて系統を保持しているが、飼育繁殖は比較的困難（赤井）

外国産タナゴ・カタログ

撮影／橋本直之

韓国・洛東江中流の水景。オオタナゴ、ウエキゼニタナゴなどが生息している（P／小松）

Tanakia koreensis

通称チョウセンアブラボテ。全長7〜9cm。朝鮮半島の南部を中心に分布する。朝鮮産アブラボテと長く呼ばれてきたものである。外見はアブラボテと似た点が多いが、アブラボテが球形に近い卵を産むのとは著しく異なる細長い卵を産み、アブラボテとの間では交雑できないことが確かめられている。ヒゲはやや細いが長くなる。体色は目の近くがやや黒いほか、オスの婚姻色が出現する際には体側は赤茶色を帯びてくる（赤井）

Tanakia signifer

日本語名はチョウセンボテ。全長10〜12cm。朝鮮半島に幅広く分布する。中型のタナゴ類で、河川中流域の流れの速い部分や深みのある場所に棲む。長いヒゲをもち、タナゴ類の中でも動物食の性質が強い。地方によって体色などに変異があるが、背ビレの縁の内側に色の抜けた部分が出るのが共通の特徴である。体は全体に黄色味がかかる。比較的低温を好む（赤井、P／駒木根）

43

Tanakia lanceolata

韓国産のヤリタナゴ。日本では、最初1846年に、九州のものを基準にT.lanceolata、琵琶湖産にT.intermediaとふたつの学名が付けられた。韓国産のものは背ビレ軟条数が琵琶湖産と同じで九州産より1条多いことから、韓国の図鑑などではT.intermediaという学名が用いられる。しかし、本州にも背ビレ条数が少ない個体は見られ、現在ヤリタナゴを2種に分ける意見はなく、韓国産も日本のものと同種となる（赤井、P／小松）

Tanakia himantegus

通称タイワンタナゴ。ホンコンタナゴと呼ばれたこともあるが、香港には分布せず台湾に分布している。全長6〜7cm。しりビレの外縁が幅広く黒くなり、その内側が赤い色になる。体側縦線は青みが強く、これに連続するように尾ビレ中央に黒い縦帯が入る。長いヒゲがあり、動物食の傾向が強い。次に紹介する中国産のものと比べると、体が小型で、より側偏して体高が高い。また婚姻色に赤味が強く出る（赤井）

Tanakia himantegus

通称タイワンタナゴ。しかし、写真は中国産のもので、婚姻色などは台湾産とかなり異なる。中国南東部の上海市、浙江省、福建省などに分布する。全長7〜9cm。多くの図鑑などでは台湾産と区別されていないが、体高が低く、より大型になり、またオスの婚姻色にはあまり濃い赤色が出ず、クリーム色の部分が多い。本種もヒゲが長く、動物食の傾向がある。分類学的に台湾産と別種として取り扱われることになれば、学名はTanakia chiiとなる（赤井）

ヨーロッパタナゴの生息地。オーストリアにて（P／小松）

Rhodeus sericeus amarus

ヨーロッパタナゴ（ヨーロッパ産）。全長7〜9cm。ヨーロッパタナゴは、ヨーロッパの東部からロシア西部に分布する*R.s.amarus*と、ロシア極東から中国北部に分布する*R.s.sericeus*の2亜種に分けられている。ヨーロッパ産のものは、体側の前半やしりビレなどに赤色が濃く出る、体側縦線に青みが強く出る、などの特徴がある。体高は高いものや低いものなど変異がある。日本の気候ではなかなか成熟せず、繁殖は困難（赤井）

Rhodeus ocellatus ocellatus

中国大陸産バラタナゴ。全長8〜12cm。バラタナゴは中国国内で大変変異が大きく、背ビレ、しりビレの軟条数はいずれも、産地によって9〜13条の間で変化が見られる。体高も、非常に高い産地から、低い産地まである。ニッポンバラタナゴとの区別点の、腹ビレ白線もはっきりしない産地もある。また、四川省など揚子江中流域の個体の中には、背ビレの最初の長い不分岐軟条が棘化して強いトゲ状になるものもある（赤井）

Rhodeus sinensis

日本語名はウエキゼニタナゴ。全長6〜8cm。中国で*R.lighti*、韓国で*R.uyekii*と呼ばれたものは同一種であった。各ヒレが黄色みを帯び、肩部分に小さな暗い青色斑があり、体側縦線も青い。体には厚みがあって、全体にやや透けた感じがする。尾ビレ中央に細く黒い筋があるが、オスの婚姻色ではこれを覆う広い範囲に赤い帯が出るほか、しりビレは黒くはっきりと縁取られ、その内側が赤くなる（赤井）

Rhodeus atremius suigensis

韓国産スイゲンゼニタナゴ。スイゲンゼニタナゴは、ソウルの南にある水原にて1935年に最初に記載された。中国および韓国には、体高が低く体側縦線が非常に太いタイプから、体側縦線が細くカゼトゲタナゴに似たものまで複数のタイプがおり、分類は確立していない。また、日本産のスイゲンゼニタナゴ自体も、韓国産や日本のカゼトゲタナゴと比べると腹ビレの軟条数が異なる個体が多いなど、どれが近縁なのかは、不明な点がある（赤井）

韓国南西部の小川で、*Rhodeus*属のタナゴが生息している（P／小松）

Acheilognathus tonkinensis

中国名を直訳してトンキントゲタ
ナゴと呼ばれているが、実際には
背ビレは柔らかくトゲは発達しな
い。全長8〜11cm。上海市付近以
南の中国南東部からベトナム北部
にかけて分布。オスの婚姻色は体
側が青くなり、腹側と尾柄部（尾
ビレの付け根）にオレンジ色が出
現する。ヒゲはあるが非常に短い。
日本や韓国のカネヒラと、本種、
そして次に紹介するA.barbatulus
の3種は互いに似た点が多く、将
来分類上の整理が必要（赤井）

Acheilognathus barbatulus

全長8cm。国内で流通する際に、
トンキントゲタナゴがアオトンキ
ン、フジサンなどと呼ばれること
があるのに対して、ミドリトンキ
ンと呼ばれるものは多くが本種で
ある。ヒゲはやや短く細いものの、
トンキントゲタナゴよりは長く、
肉眼でも確認しやすい。しりビレ
は10〜11軟条とトンキントゲタナ
ゴやカネヒラと同数だが、背ビレ
は11〜12分岐軟条で、両種よりも
平均して約1条少ないのが区別点
となる（赤井、P／駒木根）

Acheilognathus barbatus

全長8〜10cm。A.barbatulusと混
同されることがあるが、太いヒゲ
があり、またヒゲの長さも長く、
背ビレ分岐軟条数が10〜11、しり
ビレ分岐軟条数が8〜9といずれも
少ないこと、背ビレ前端が太く棘
化しトゲ状になることで区別は容
易である。また婚姻色も異なり、
本種はしりビレは幅広く白く縁取
られ、背ビレは黒く縁取られるが、
A.barbatulusは、背ビレ・しりビ
レともに細く白く縁取られるとい
う違いがある（赤井、P／駒木根）

Acheilognathus rhombeus

韓国産のカネヒラで、日本のもの
と同種である。日本産と同様韓国
産のカネヒラにも変異が大きく、
体高が非常に高いものから、日本
産に比べ細長いものまで見られ
る。婚姻色は、琵琶湖産に比べて
緑色がやや少ないものがこれまで
も図鑑などに紹介されているが、
日本でも九州産のものは体高が低
く、腹側の桃色の部分が範囲が広
いなど変異がある。中国にも本種
に類似したものがあり、種として
の分類の整理が必要であろう（赤
井、P／駒木根）

Acheilognathus macropterus

通称中国オオタナゴ。2016年に
「特定外来生物」に指定された。
タナゴ類の中では、1870年代か
ら記載された古い種。かつての分
類でのトゲタナゴ属という仲間の
模式種（基準）にされたこともあ
る。日本の霞ヶ浦に帰化して話題
になっているが、中国南端のベト
ナム国境からロシア沿海州地方ま
で、幅広く分布する種である。最
大20cm以上とされるが、形態の
変異は大きく、10cm前後の産地
もある。かつては複数種に分けら
れていた（赤井）

Acheilognathus yamatsutae

全長10〜15cm。朝鮮半島の広い
範囲と中国遼寧省の北朝鮮国境付
近に分布。日本産のイチモンジタ
ナゴと異なり大型になり、ヒゲも
非常に長く眼径の1/2以上ある。
腹ビレの前縁に白色の帯がはっき
り出る点も、日本産のイチモンジ
タナゴとは異なる。中国で長い間
Acheilognathus meridianusと呼
ばれてきた系統は、背ビレ・しり
ビレの軟条数が1条ずつ少ないこ
とを除くと、本種と区別点が少な
く、将来分類の再検討が必要である
（赤井）

タナゴの仲間の交雑

タナゴの仲間を交雑させると、組み合わせによっては雑種の生殖力が低くなったり、通常は1対1の性比が乱れたり、奇形が現れたり、全く交雑できない、などの現象が起こる。ここでは、人工的に交配して、その交雑の様子をみてみよう。

撮影・解説／鈴木伸洋

①アブラボテ
×ヤリタナゴ（F1・♂）

③アブラボテ
×ヤリタナゴ（F3・♂）

②アブラボテ
×ヤリタナゴ（F2・♂）

④アブラボテ
×ヤリタナゴ（F3・♀）

■ 累代妊性をもつ雌雄が1対1
の性比で生ずる組み合わせ

　ヤリタナゴとアブラボテ、スイゲンゼニタナゴとカゼトゲタナゴ、タビラ3亜種の組み合わせがこれに該当します。累代妊性とは、歴代永久に生殖能力があるということです。
　写真①は、アブラボテ♀とヤリタナゴ♂の雑種第1代です。体型はやや丸みがあり、背ビレやしりビレの模様はアブラボテに似ていますが、ヤリタナゴの体色の桃紫色や尾柄の青みがかった縦帯が認められ、両親魚の中間型になります。
　写真②は雑種第2代目です。写真の個体は、全体的にはアブラボテの形質をよく現していますが、体色にはヤリタナゴの桃紫色が混じ

っています。
　写真③と④は雑種第3代目で、写真③はヤリタナゴに似ていますが、写真④はアブラボテに似ています。雑種の第2代以降の形態はメンデル遺伝にしたがって、どちらかの親魚の種の特徴をもった個体が分離してくるのです。

■ 雑種第1代で不妊のオスと妊性の
あるメスが生じる組み合わせ

　アブラボテとタビラ3亜種、ヤリタナゴとタビラ3亜種、タナゴとタビラ3亜種、イチモンジタナゴとタビラ3亜種の組み合わせが、これに該当します。雑種第1代で生殖力のないオス個体がほとんどですが、稀に生殖力のあるメ

49

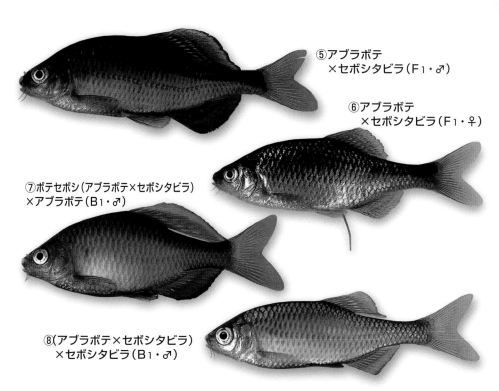

⑤アブラボテ
　×セボシタビラ（F₁・♂）

⑥アブラボテ
　×セボシタビラ（F₁・♀）

⑦ボテセボシ（アブラボテ×セボシタビラ）
　×アブラボテ（B₁・♂）

⑧（アブラボテ×セボシタビラ）
　×セボシタビラ（B₁・♂）

ス個体が出現する場合があります。
　写真⑤はアブラボテ♀とセボシタビラ♂との雑種第1代のオス個体です。この個体は不妊性で、体型はセボシタビラ型ですが、背ビレやしりビレの模様はアブラボテに似ています。そして、全体的には両親の中間型になります。
　写真⑥は雑種第1代のメス個体です。この個体は妊性があり、産んだ卵にアブラボテの精子で人工的に受精してやると、その子供の大多数の個体は生殖力のないオスになりましたが、稀に生殖力をもつメスが出てきました。このメスの卵に、再びアブラボテの精子で受精してできた個体が写真⑦、また、セボシタビラの精子で受精してできた個体が写真⑧です。
　このような交配の仕方を「戻し交雑」といい、それぞれ雄魚の種の特徴が、雑種に強く現れてきます。この戻し交雑第1代目はすべて不妊のオス個体になりました。

■ 雑種第1代で不妊のオスのみが生じる組み合わせ

　アブラボテとバラタナゴ、アブラボテとスイゲンゼニタナゴ、アブラボテとカゼトゲタナゴ、アブラボテとタナゴ、アブラボテとイチモンジタナゴ、ヤリタナゴとバラタナゴ、ヤリタナゴとスイゲンゼニタナゴ、ヤリタナゴとカゼトゲタナゴ、ヤリタナゴとタナゴ、ヤリタナゴとイチモンジタナゴなど、多くの組み合わせがこれに該当します。これらのオスは、受精能力のある正常な精子をつくることができません。
　写真⑨は、アブラボテ♀とニッポンバラタナゴ♂の雑種第1代で、形態は全体的に両親の中間型です。両親が10cmを超えることはめったにないのですが、写真⑩のように、全長が10cmを超える大型個体が出現することがあります。このように両親魚の大きさを超える大型個体を生じる組み合わせは、ニッポンバラタナゴの亜種のタイリクバラタナゴとアブラボテの組み合わせの他には、今のところ知られていません。

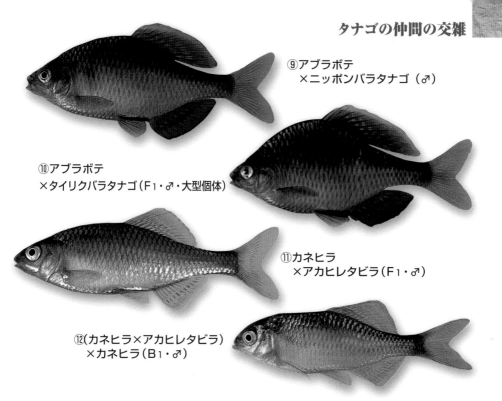

⑨アブラボテ
　　×ニッポンバラタナゴ（♂）

⑩アブラボテ
　×タイリクバラタナゴ（F1・♂・大型個体）

⑪カネヒラ
　　×アカヒレタビラ（F1・♂）

⑫（カネヒラ×アカヒレタビラ）
　　×カネヒラ（B1・♂）

■ 他の種とは 交雑しないタナゴの仲間

　大半のタナゴの仲間は交雑して雑種を作ることができますが、日本産種ではゼニタナゴ、イタセンパラの2種、外国産種では朝鮮のチョウセンアブラボテ*Tanakia koreensis*、中国のタイワンタナゴは、他のタナゴの仲間と交配すると、卵の発生の途中で死んでしまいます。

■ 春産卵型と 秋産卵型との交雑

　日本には秋産卵型としてゼニタナゴ、イタセンパラ、カネヒラの3種が分布しますが、前2種は他のタナゴと交雑しないことは先に述べました。天然では、秋産卵型が産卵期の違う春産卵型と交雑することはないと考えるのが常識ですが、筆者は以前に福岡県でカネヒラとセボシタビラの雑種と考えられる個体を採集したことがあります。そこで、本来は秋産卵型であるカネヒラでも、水槽で飼育していると早春に成熟した卵や精子を人工的に採取できるので、人工交配実験をしてみました。

①雑種第1代不妊のオスと妊性のあるメスが生じる組み合わせ

　カネヒラと、ヤリタナゴ、アブラボテ、イチモンジタナゴ、タビラ3亜種などの組み合わせがこれに該当します。これらは、雑種第1代で生殖力のないオス個体がほとんどですが、稀に生殖力のあるメス個体が出現する場合があります。

　写真⑪は、カネヒラ♀とアカヒレタビラ♂の雑種第1代のオスで、形態は全体的に両親の中間型です。このオス個体は不妊ですが、稀にメスは受精可能な卵を産卵します。

　そして、これにカネヒラの精子で交配したものが写真⑫です。この個体は戻し交雑なので、カネヒラの形質がよく発現していますが、不妊性でした。

②雑種第1代で不妊のオスのみが生じる組み合わせ

　カネヒラと、バラタナゴ、カゼトゲタナゴ、

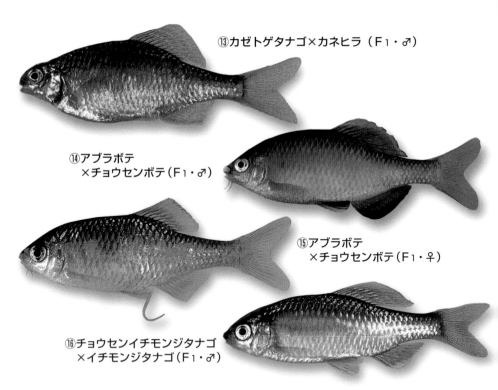

⑬カゼトゲタナゴ×カネヒラ（F₁・♂）

⑭アブラボテ
　×チョウセンボテ（F₁・♂）

⑮アブラボテ
　×チョウセンボテ（F₁・♀）

⑯チョウセンイチモンジタナゴ
　×イチモンジタナゴ（F₁・♂）

タナゴなどの組み合わせがこれに該当します。これらのオスは受精能力のある正常な精子を作ることができません。

　写真⑬は、カゼトゲタナゴ♀とカネヒラ♂の雑種第1代のオスで、形態は全体的に両親の中間型です。

■外国種と日本種との組み合わせ

　外国種と日本種のすべてのタナゴ類での交配実験をしていないので、ここでは今までに実施した交雑の結果をまとめてみました。

①雑種第1代で妊性をもつ雌雄が1対1の性比で生じる組み合わせ

　アブラボテとチョウセンボテ*Tanakia signifier*、チョウセンイチモンジタナゴとイチモンジタナゴなどの組み合わせが、これに該当します。写真⑭と⑮は、それぞれアブラボテ♀とチョウセンボテ♂との雑種第1代のオスとメスです。

　また写真⑯と⑰は、それぞれチョウセンイ
チモンジタナゴ♀とイチモンジタナゴ♂との雑種第1代のオスとメスです。これらの組み合わせは、いずれも両親が近似した形態をしています。しかし、代々妊性をもつ雌雄が出現するかどうかを確認する実験を行なっていないので、代々生殖能力のある個体が出現するかどうかはわかりません。

②代々妊性をもつ雌雄が1対1の性比で生ずる組み合わせ

　筆者が交配実験から確認したものは、タイリクバラタナゴとニッポンバラタナゴ、韓国と日本のスイゲンゼニタナゴ、韓国と日本のカネヒラ、韓国と日本のヤリタナゴ、韓国のスイゲンゼニタナゴと日本のカゼトゲタナゴです。

③雑種第1代で不妊のオスのみが生じる組み合わせ

　ヤリタナゴとウエキゼニタナゴ、スイゲンゼニタナゴとウエキゼニタナゴ、スイゲンゼニタナゴとチョウセンボテ、ウエキゼニタナゴとタイリクバラタナゴ、チョウセンボテと

⑰チョウセンイチモンジタナゴ
　×イチモンジタナゴ（F₁・♀）

⑱ウエキゼニタナゴ
　×タイリクバラタナゴ（F₁・♂）

⑲スイゲンゼニタナゴ
　×チョウセンボテ（F₁・♂）

⑳タイリクバラタナゴ
　×チョウセンボテ（F₁・♂）

タイリクバラタナゴ、などがこの組み合わせに該当します。

　写真⑱はウエキゼニタナゴ♀とタイリクバラタナゴ♂、写真⑲はスイゲンゼニタナゴ♀とチョウセンボテ♂、写真⑳はタイリクバラタナゴ♀とチョウセンボテ♂の雑種第1代です。これらの雑種の形態は、全体的にいずれも両親の中間型でした。

まとめ

　種の分化の要因には、分布が異なることによる地理的隔離、産卵期などが異なる季節的隔離、そして生殖隔離があります。生殖隔離とは、ある生物群（種）とある生物群（種）が交配不可能、あるいはその子供が不妊性であることです。種分化とは、ある生物種から新しい種が生じることで、これには新しい種と、その元になった種との間で子供ができないか、あるいはその子供が不妊性であることが重要な要因になります。

　タナゴの仲間の生殖隔離には、①雌雄ともに代々生殖力がある雑種、②雑種が不妊性のオスが大半であるが、稀に妊性のあるメスとなる、③雑種が不妊性のオスだけになる、④雑種ができない、の4つの型がありました。

　生物学上、タナゴの仲間の種分化として①・③・④が重要な生物現象となり、稀にでも妊性のあるメスを生じるという現象は、不妊性に関わる生殖細胞遺伝の乱れのひとつと見なすのが妥当と考えています。

　①の現象はアブラボテ属の一部の種間交雑に認められ、③の現象は分類学上の属同士の交雑で認められます。④の現象は日本のゼニタナゴ、イタセンパラ、朝鮮のチョウセンアブラボテ、中国のタイワンタナゴなどの特定種に認められました。そして、これらの生物現象は地理的隔離や季節的隔離とは無関係でした。このことは、タナゴの仲間の生殖的分化が、多様な要因で生じたことを意味するものなのかもしれません。

タナゴの採集を楽しもう

タナゴの採集には、釣りや網による採集、セルビンなどを仕掛けての採集などの方法がある。採集したタナゴは、必要な数だけを持ち帰り、残りはリリースすることが重要となるが、釣りであれば採集する数を調節できたり、網採集した個体に比べ魚を傷つけることが少ないなどの利点がある。そのため、飼育を前提とするなら釣りでの採集がベストである

撮影／橋本直之

網採集

網でのタナゴ採集は、狭い水路や比較的浅いポイントに幼魚が群れている場合などに向いている。また場合によっては、ひと網で多数の魚が採集できることもある

タイリクバラタナゴの幼魚で、晩冬に船溜まりで採集したもの。どのタナゴも幼魚期にはまとまって群れているため、網採集では一度に多数が採れることがある

水深が浅く、幅の狭い用水路では、網による採集も楽しめる。2人で採集するときは挟み撃ちにするのもよい。ウェーダーを履けば、水中へ入っての採集も可能となる

採集道具紹介

タモ網
柄の短いタイプ（写真）と長いタイプがあるが、長いタイプの方が幅広いポイントで使用できる

セルビン
プラスチック製のおとりかご。中に餌を入れて沈めておくと、においに釣られた魚やエビなどが入ってくるので、適当な時間で引き上げる

フィッシュキラー
網製のおとりかごで、使用方法などはセルビンと同様。ただしフィッシュキラーもセルビンも、規則によって使用禁止の場所が多いので注意が必要

タナゴ釣り

釣りでのタナゴ採集は、網採集などに比べ幅広いケースに対応できる。ポイントや季節、仕掛けなどによって釣れるタナゴの種類に違いがあるため、ここではポイント別にタナゴ釣りの例を紹介しよう。各ポイントでの仕掛けについては、モノクロページで紹介している

水深約1mの水温を計ると5.1℃。タナゴ釣りで知られるポイントには、このような寒さにも関わらず、タナゴに魅せられた釣り師が多く訪れる

ポイント①船溜まり（ドック）

湖や広大な河川からつながる船溜まりは、厳寒期でも水温が比較的一定しているため、タナゴなどの小型魚が越冬をしに集まってくる。関東でのタナゴ釣りは、一般に「冬のオカメ釣り」と呼ばれる、船溜まりでのタイリクバラタナゴ（オカメとも呼ばれる）釣りが主流である。2月初旬の茨城にて

船溜まりには、たいてい沈船や杭、タイヤなどの障害物があり、その周辺がポイントとなる。竿の長さは1.2〜1.5mもあれば十分だ

障害物の下がタナゴたちの隠れ家となっているため、その際を狙う。タナ（餌を沈める深さ）は、アタリがあるまで上下に調節して、タナゴがいる水位を探る

Point1

前ページの船溜まりで釣れたアカヒレタビラのオス。まだ繁殖期を迎えていないため、婚姻色は現れていない。船溜まりでは群れているため、タナゴがいるポイントさえ探しあてれば一日に多数を釣り上げることも可能

厳寒期の仕掛けのポイント

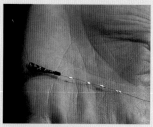

左の大きいウキは親ウキで、下の白いウキは、イトウキと呼ばれる極小の目印。イトウキは、親ウキまで届かないわずかなアタリを教えてくれるもの。イトウキの小さな移動を見逃さないことが、この時期のタナゴ釣りのコツである

口の小さいタナゴを釣るためには、市販のタナゴ針の先を、カエシ（かかった魚が抜けにくいよう尖っている部分）がわずかに残る程度に削っておくとよい。釣りの専門店では、そのような針も購入できる

厳寒期には、タナゴの食欲が落ちており餌への食い付きが悪く、また釣れるサイズも小さいことが多いため、針やウキ、餌などは極小のものを使用するのが基本となる。餌は、黄身練りをほんのわずかに付ける程度がよい

ポイント②湖

初秋の琵琶湖でのカネヒラ釣り。カネヒラは、堤防を囲んだ石組み周辺に群れていた。2.1mの竿を使い、アカムシを餌にしての釣りを楽しむ

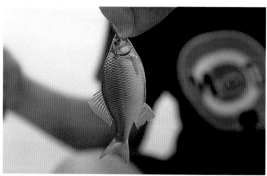

婚姻色を現し始めたカネヒラのオスが釣れた。この美しさを味わいたいためにカネヒラ釣りを楽しむ愛好家も多い

Point2

ポイント③河川

初夏の関西にて、黄身練りを餌にタナゴ釣り。左は幅3m、水深は浅く流れが緩やかな小川。右は幅20〜30m・水深1m以上の河川中流域

左写真の小川で釣れた、アブラボテのオス。オスはこの1匹のみでメスは数匹。この小川で他に釣れたのはオイカワとヌマムツの幼魚

右写真の河川で釣れた、シロヒレタビラのメス。残念ながらオスは0だったが、メスは3匹。水底の石の隙間に隠れているのか、餌を底まで落とすと釣れてきた

二枚貝発見！

左写真の小川にて、水底に目をこらすと何やら二枚貝らしき姿を発見。近づいて観察していると、二枚貝であることを確信

かわいそうだが採り出してみたところ、ドブガイ類？自然下での二枚貝は激減しているのでもちろんリリース

ポイント④広い水路

幅数十mの水路。1.5mの竿で、黄身練りを餌に釣りを楽しむ。岸よりの水深は60cmほどで、底は岸に近づくにつれ砂礫状、中央に向かっては水草が茂っていた（写真上参照）。水草の上では回遊するカネヒラ、水草の隙間にはヤリタナゴが群れる姿が確認できた。初夏の九州にて

この水路で釣れたアブラボテのメス。繁殖期には、産卵管を伸ばしたメスも多い

婚姻色を現した、美しいヤリタナゴのオス。メスも、オスよりもやや多い比率で釣れた

ポイント⑤細い水路

左のポイントで釣れたアブラボテのオス。他にはヤリタナゴやフナ、オイカワなども釣ることができた

このような細い水路にも、タナゴ類やフナなどコイ科類が生息している。幅も水深も数十cmほどなので、竿は1.2m程度の短めのものが使いやすい

タナゴ釣りの道具

タナゴ釣りは、他の魚釣りと比べても、特に繊細な仕掛けが必要とされる世界である。そのため、より釣果が上がるよう工夫する必要性が生じ、そして工夫する(=追求する)楽しさが

あるがゆえに、魅了されてやまない釣り師が多い。なおタナゴ釣りの方法については、詳しくはモノクロページで解説している

撮影／橋本直之　イラスト／いずもり・よう

●タナゴ釣りの基本的な仕掛け

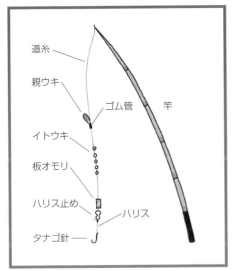

道糸
親ウキ
ゴム管
竿
イトウキ
板オモリ
ハリス止め
ハリス
タナゴ針

①竿

②道糸

③ウキ

④ゴム管

⑤イトウキ

⑥ハリス止め（原寸大）

⑦ヨリモドシ（原寸大）

⑧ガン玉（原寸大）

⑨板オモリ

①タナゴ釣りでは、釣り場の状況によって長さ1.0〜4.5mほどの竿が使われるが、1.8〜2.4mのものがあれば、たいていの釣り場をカバーできる。竿の素材はカーボンやグラスファイバーが主流だが、こだわり派には竹製の和竿をおすすめしたい。長時間握っていても疲れないよう、軽量で握りやすく、さらに感度のよいものを選ぶようにする

②0.3〜0.4号ほどの太さで十分。細いほど感度がよくなるので、太いものは選ばないこと

③ウキの中でいちばん上にあるウキで、親ウキと呼ばれる。小型で感度がよいものを選ぶ

④親ウキを道糸に固定するために必要

⑤親ウキにまで伝わらない繊細なアタリを伝えてくれる。寒い時期や小型のタナゴ類を釣るときはアタリがシビアなので、イトウキの左右への動きでアタリを判断するのである

⑥道糸とハリス（針に付いている糸）とを接続する道具

⑦道糸とハリスとを接続する道具で、糸のヨレ

⑩タナゴ針

針の形状の違い

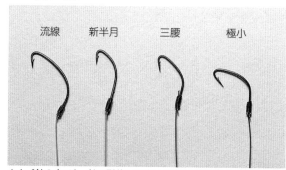

流線　新半月　三腰　極小

タナゴ針の中でも、針の形状には違いがある。釣る対象となるタナゴ類の活性の高さやサイズ、使用する餌などによって、針掛かりのよいものを使いわけるとよい

⑪仕掛けケース

⑫仕掛け巻き

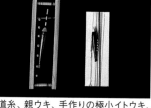

⑬エサ箱

便利なタナゴ用 完成仕掛け

タナゴ釣りを得意とする釣具専門店では、アタリの渋い厳寒期でのタナゴ釣りや、小型のタナゴ釣りに最適な、専用の特製仕掛けセットが販売されている。タナゴ釣り初心者には、特におすすめである

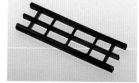

道糸、親ウキ、手作りの極小イトウキ、オモリ、極小の手研ぎ針など、必要なものがすべてセットになっている。ウキとオモリのバランスも整えられている

タナゴ釣り用の仕掛けは非常に小さい。タナゴ類の繊細なアタリを伝えるため、より感度がよくなるよう進化してきたのである

を防いでくれる。ハリス止めに比べると重いのが難点。もっとも軽量(小型)のものを選ぶとよい
⑧球状のオモリ。裂け目に糸をはさみ、軽くつぶして固定する。ダウンショットリグ(オモリは水底に沈め、餌は底からやや上に浮かべるという仕掛け)のオモリに使うとよい
⑨小さく千切ることによって、ガン玉よりも軽く、微少の重さを調節することが可能
⑩タナゴ針は、各メーカーより販売されている。一般の釣具店で入手できる

⑪フェルト部分に針を刺すことができる。仕掛けにハリス止めを使う場合は、釣行前に、ハリスを短く調節した針を予備の分まで用意し刺しておくと、現場で作業に手間取らないで済む
⑫道糸から針まで、仕掛け一式を巻きつけるためのもの
⑬アカムシや黄身練りなどの餌を入れておく。腰にセットできるようになったものが多い

仕掛けにこだわる人へ

タナゴ針の針先を、さらに小さく研いである手研ぎ針。タナゴ釣りに強い釣具専門店で購入できる

写真ではわかりにくいが、カエシがわずかに残っているという見事な出来映え

原寸大の針各種

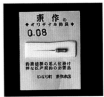

左／秋田狐2号。カネヒラやオオタナゴの大型個体の釣りには適している
中／新半月。タナゴ針の形のひとつ
右／手研ぎ針。他の針と比べると、針先が非常に小さい

手研ぎ針を作るために必要な道具
上／針を固定するためのバイス
中／アール研ぎ。針の腰（曲がった部分）を研ぐ
下／カエシ研ぎ

手研ぎ針の制作は非常に細かい作業なので、針は顕微鏡を覗きながら研いでいく

これはイトウキを自作するときに使うもので、径0.08mmの穴を空けることができる

黄身練りの作り方

タナゴ釣りの餌には、主に黄身練りやアカムシが使われる。中でも黄身練りは、サイズを極小粒にすれば小型個体の口にも合うので、より幅広いケースに対応できる

アカムシと黄身練りを比べてみると、黄身練りの方が小さく、小型個体の口に対応できることがわかる

用意するもの／卵、小麦粉、かき混ぜるための容器、割りばし

①容器内に、卵の黄身だけを入れる

②小麦粉を少しずつ加えながら、かき混ぜていく。固すぎてしまった場合は、水でのばすのではなく、再度卵黄を加える

③耳たぶ程度の柔らかさになれば完成。サランラップに包む

④包み終えたら、サランラップを黄身練りの部分が丸く張る程度になるまでひねり、その根元を輪ゴムで縛る

⑤針を刺し、ほんのわずかに穴を空ける

⑥穴から出てきた黄身練りを、タナゴ針につける

採集した魚のキープと持ち帰り方

タナゴの飼育を前提とするのであれば、採集場所でのキープ方法と輸送方法は、非常に重要なものとなる。ここではその方法と手順について紹介するが、それらとともに大切なことは、いかに魚を思いやるかであることも覚えておこう。

撮影／橋本直之　イラスト／いずもり・よう

魚のキープに必要なもの

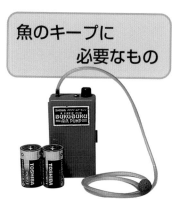

乾電池式のエアポンプ。魚の酸欠防止のためにエアレーションは欠かせないので、必ず揃えておこう。釣具屋などで購入できる。換えの電池も忘れないように

バケツ。水量の多い大きめのものが適している。水漏れせずに魚を収容できるものであれば、特にバケツでなくてもかまわない。魚が飛び出さないよう、新聞紙などでフタをする

乾電池式エアポンプ付きのポリタンク。内側も黒く塗られているため、バケツなどに比べると魚も落ち着きやすい。フタを閉めたままエアレーションできるので、このまま持ち帰ることも可能。釣具屋などで購入できる

置き場所などの注意

採集した魚は、弱らないよう直ちに泳がせる必要があるため、バケツやポリタンクなどは採集者のすぐ側に置くようにする。また、夏期には直射日光による水温上昇を防ぐため、日陰に置くとよい（ここでも、なるべく採集者の側に置く）。水温の変化や水の汚れを防ぐため、水を定期的に交換することも重要だ

魚を持ち帰るには

魚を酸素パッキングし、温度変化の少ないクーラーボックスや発泡スチロール箱に入れて運ぶ。酸素ボンベは、小型のものが熱帯魚店などで購入できる

パッキングした袋は横に寝かせて、酸素と水が接する面積ができるだけ多く確保されるようにする

パッキング手順

魚を持ち帰るには、スレ傷を作らないよう1匹ずつパッキングして輸送するのがベストだ。水漏れしないようパッキングしておけば、大きめのボストンバッグなどに入れて持ち帰ることもできる

●用意するもの
小型の酸素ボンベ、厚手のビニール袋、輪ゴム

採集地の水と魚を入れたビニール袋に酸素を詰める。ボンベ付属のチューブを袋の口に入れ、口を握ってから充填する

酸素が逃げないように袋の口を握ったまま、袋がパンパンになるまでひねる。魚の入っている方ではなく、口の方をひねると魚へのダメージは少ない

ひねった根元に輪ゴムをかける。輪ゴムは、ほどけないよう次のイラストのようにするとよい

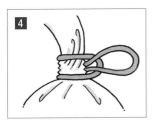

このように輪ゴムで作った輪に一度くぐらせる。この後、グルグルと輪ゴムを3〜5回転ほど巻く

袋のひねった部分を二つ折りにして束ね、さらに輪ゴムを3〜5回ほど巻いていく

輪ゴムの残りが短くなったら、袋の口の下から輪ゴムを通し、袋の折り返し部(コブになったところ)に輪ゴムの輪を引っかける

これで完成。念のため、袋の口を持って引っ張り(ほどほどの力で)、輪ゴムがほどけないか確認しておこう

細い頭部をもつイチモンジタナゴや、他のタナゴの場合でも小さな個体を収容するときなどには、頭を突っ込まないよう、ビニール袋の端を折ってテープで止める

水温の変化をなるべく防いだり、魚を落ち着かせるためには、最後に新聞紙で包むとよい

タナゴ飼育水槽のレイアウト例

タナゴ類の飼育には、同種を群れで泳がせたり、繁殖を狙って少数飼育したり、他の日本産淡水魚と混泳させたりと、幅広い楽しみ方がある。そして、どの楽しみ方の場合でも、水槽内を生息地の環境に近づけてあげることが、タナゴ類を状態よく飼育するコツとなる。ここでは、目的別の飼育水槽例を紹介しよう。

撮影／橋本直之

1 カネヒラの生息地を再現した90cm水槽

カネヒラを採集した琵琶湖の水景をイメージし、岩組みとネジレモを使ってレイアウトした水槽例。カネヒラは水槽内でも全長10cmを超えるので、多数飼育する場合は90cm以上の水槽が適している。また、大型個体ほど酸欠に弱いので、エアレーションを兼ねて投げ込み式フィルターもセットしている

水槽サイズ：
90×45×45cm
フィルター：
外部式、投げ込み式
底砂：自家採取砂
魚：カネヒラ
水草：ネジレモ

DATA

カネヒラが群がっているのはプレコフード。植物食の強い熱帯性ナマズ・プレコのために開発された飼料だが、同じく植物食の強いカネヒラには、非常に適した餌となる

2 タナゴ類3種混泳120cm水槽

3 メダカやコイ科との コミュニティを楽しむ45cm水槽

水槽サイズ：
45×30×30cm
フィルター：
内部式フィルター
底砂：川砂
魚：アブラボテ、
シロヒレタビラ、
イトモロコ、ビワ
ヒガイ、ムギツク、
ミナミメダカ、ド
ジョウ
水草：アナカリス

DATA

アブラボテとシロヒレタビラのタナゴ類に、メダカやイトモロ
コ、ムギツクなどを混泳させた45cm水槽。45cm水槽の場合
には、魚の数は多くてもこの程度に抑えたい。また、水量に対
して魚が多くなるにつれ、エアレーションを施すことも大切に
なってくる。給餌の際は、すべての魚に餌がいきわたっている
か、餌食いが悪い個体がいないかをしっかり観察しよう

水槽サイズ:
120×32×40(高)cm
フィルター:
外部式、投げ込み式
底砂:田砂、自家採取砂
魚:アブラボテ、ヤリタナ
ゴ、カネヒラ
水草:ネジレモ、マツモ

DATA

同河川で採集した3種のタナゴ類を
泳がせた水槽例。この3種の中では
アブラボテがもっとも性質が強い
が、二枚貝を入れなければ、さほど
なわばり争いはしない。サブフィル
ターと酸欠防止のため、投げ込み式
フィルターもセット

4 他のコイ科との混泳を楽しむ 60cmワイド水槽

60cmワイド水槽とも呼ば
れる60×45×45cm水槽
に、池や沼をイメージし、
流れのゆるやかな水域を
好むコイ科の魚たちを泳
がせている。多数の魚を
泳がせる場合は、泳ぐ層
の違う種類を選ぶのも楽
しい。この例では、中層
にはタナゴ類やフナ、タ
モロコなど、下層にはドジ
ョウが泳ぎ回っている

水槽サイズ:
60×45×45cm
フィルター:
底面式
底砂:川砂
魚:ヤリタナゴ、
タイリクバラタナゴ、ギンブナ、タモロコ、ドジョウ
水草:セキショウモ

DATA

5 繁殖を狙った45cm水槽

タナゴ類を繁殖させるには、同一種だけでの飼育が好ましく、産
卵床となる二枚貝が必要となる。その場合は、底砂は二枚貝が潜
りやすいよう粒の細かいものが適している

水槽サイズ：45×30×30cm
フィルター：底面式
底砂：川砂
生物：ニッポンバラタナゴ、カマ
ツカ、メンカラスガイ
水草：セキショウモ

DATA

6 小型水槽で手軽に楽しむ飼育例

熱帯魚店やホームセンターなどで、「S（30cm）水槽セット」、
「M（36cm）水槽セット」、「L（40cm）水槽セット」と呼ばれ
る、投げ込み式フィルターと水槽がセットになったものが販
売されているが、小〜中型の温和なタナゴの少数飼育やペ
ア飼育なら十分使用できる。まずは、このようなセット水
槽から飼育を始めるのもよいだろう

水槽サイズ：
40×25×28(高)cm
フィルター：
投げ込み式
底砂：田砂
生物：
タイリクバラタナゴ
水草：マツモ

DATA

水槽セッティングの手順

60cm水槽をモデルに、タナゴ類飼育水槽のセッティング手順を紹介していこう。このサイズの水槽は流通量が多いため入手しやすく、また、ある程度の水量があるためほとんどのタナゴ類飼育に適しているという利点もある

撮影／橋本直之

水槽セッティングのために用意したもの

各メーカーから、水槽、フィルター、蛍光灯などがセットになったものが販売されており、それぞれを別に購入するよりも割安で便利。今回使用したのは「マリーナ600観賞魚飼育5点セット（ジェックス）／セット内容：水槽、ガラス蓋、上部式フィルター、蛍光灯、餌、小冊子」

60×30×36（高）cmガラス水槽、ガラス蓋、
上部式フィルター、1灯式蛍光灯

●塩素中和剤
水道水に含まれている塩素を、魚に無害なものに変えてくれる

●スコップ
底砂専用のスコップで、底砂を敷いたり平にならしたりする際に使用する

●底　砂
底砂は、敷いた方が魚が落ち着くし健康にもよい。今回は水草を植えるため10kg用意

●ピンセット
水草を植えるために必要

●エアストーン、エアチューブ、エアポンプ
水槽内の溶存酸素量を増やすことができる

69

1 水槽を洗う

2 底砂を洗う

写真下の大磯砂のように、底砂の種類によっては木クズなど汚れが混じっていることもあるので、そのような場合は水槽に敷く前によく洗っておく。ザルなどを使用すると洗いやすい

3 底砂を敷く

4 底砂を敷く

1 まずは、水槽の内側と外側に付いたホコリやゴミなどを洗い流し、水槽台の上へ置く。水槽に水を張るとかなりの重量になるので、水槽台は水槽専用のものを選ぶ。

2 底砂は、水槽内に敷く前に必ず洗っておく。今回使用した砂（田砂）は汚れを除去してあるため、軽く水洗いする程度で済む。また、採集してきた砂を使う場合は、よく洗ってから水槽内に敷くようにする。

3・**4** 底砂専用のスコップ（砂利スコップ）で洗った砂を敷く。注水後に底砂を平らにすると水が濁ってしまうため、この時点で平らに敷いておくとよい。

5 バケツやホースなどを使用して水を注ぐ。いずれの場合も、底砂の上に発泡スチロール板などを敷いておくと、底砂が舞い上がらずに済む。

6 注水が完了したら塩素中和剤を投入する。つい多めに入れがちだが、規定量は守るように。

7 上部式フィルターのろ過槽の底にろ材を敷

5 水を入れる

6 中和剤を投入する

7 フィルターにろ材を敷く

9 石の配置を決める

8 フィルターにウールマットを敷く

く。ろ材は、ろ過バクテリアを増やすために必ず必要なもので、各メーカーから様々なタイプが発売されている。今回使用したのはリング状ろ材と呼ばれるタイプ。

8 ろ材の上にウールマットを敷く。ウールマットは、主にゴミ取りとしての働きをする。汚れやすいので、週に1度は汚れを洗い流すとよい。その際に飼育水を使うと、定着したバクテリアを減らさずに済む。

9 フィルターのセットが終わったらレイアウ

トを開始する。今回は石と水草を使ってのレイアウトだが、石の配置場所によってレイアウトの印象がかなり変わってくるので、水草を植える前に石を配置した。

10 ピンセットを使い、水草を植える。ここでは、日本にも自生する水草、ハゴロモモを選んだ。タナゴ類にはよく似合うし、育成も水草の中では容易な部類に入る。

11 水草を植え終えたら、水草の破片などを網で掬い取り、その後フィルターの電源を入れ

10 水草を植える

11 フィルターを作動させる

12 水位に注意

13 袋ごと魚を浮かべる

る。セット後2～3日は水が白濁することが多いが、たいていは1週間ほどでろ過バクテリアが定着し始め、水が透明になってくるので、魚を導入するのはそれからにしよう。

12 上部式フィルターを使う場合、ポンプの空回りを防ぐため、最低水位線を守ること。他の形式のフィルターでも、水位線が定められている場合は同様。

13 魚が入った袋を30分ほど水に浮かべて、水温を合わせる。これは、水温の急変によって魚にストレスを与えたり、白点病を発症することを防ぐためである。

14 袋の水は、水槽内へ持ち込まずに捨てる。特に、採集地の水は汚れていたり病気を持ち込む可能性があるため注意したい。

15 魚を放したらすべて終了。魚を放す際には、手でつかんだり網ですくったりせず、袋からそーっと出すようにする。照明時間は、1日8～10時間ほど。

14 袋の水を捨てる

完 成！

16 魚を放して終了

今回泳がせたのはヤリタナゴ。このサイズの水槽なら10匹程度は飼育できる

浮上性の人工飼料を食べるヤリタナゴ。魚を水槽に導入した後は、まずは魚を環境に慣れさせるようにし、給餌は翌日からにした方がよい

水槽内を演出しよう

水槽の雰囲気は、底砂や流木、石などにどのようなものを使用するかによって一変する。そのため、自分の理想とする水景を作り上げるにはそれらの選択にこだわりたいものだが、タナゴ類にとって適しているものを選ぶことも忘れないようにしたい

1.バックスクリーン

水槽の背景に使用する。黒や青など単色のものの他、水草や岩組み、流木などがプリントされたものもあり、好みで選べばよい。水槽の外側に貼る方法と、内側に貼る方法があるが、いずれの場合も水槽に水を入れる前に貼っておくとよい

2.底　砂

底砂は、魚を落ち着かせたり、水草を植えるために必要なだけでなく、バクテリアの住み家ともなる重要な役割を果たす。素材や色、粒の形や大きさなど様々なタイプが揃っているが、タナゴ類や二枚貝の生態を考えて選ぶことが大切である

●田砂
茶色系の砂で、粒が細かく角がないため、魚を傷つけることもなく、二枚貝が潜りやすいという利点などがある。自然な雰囲気を演出してくれる

●大磯砂
もっとも普及している砂で、全体的に黒みを帯びている。粒のサイズは各タイプ揃っているが、タナゴ飼育には粒の細かいものを選ぶとよい

●硅砂
同じ硅砂と呼ばれるものでも、色は産地によって淡い褐色やグレーのものなど違いがある。粒のサイズは各タイプ揃っているが、粒の細かいものを選ぶようにしたい

3.流　木

流木は、自然感を演出してくれるだけで
なく、魚の隠れ家としても役立つ。熱帯
魚店などで様々な形のものが入手でき
る。採集した流木を使う場合は、消毒の
ため熱湯で煮てから使うようにする

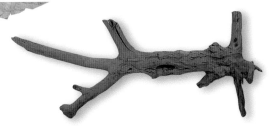

4.石

魚を傷つけないよう、角のないものが適して
いる。サイズや形の違うものを組み合わせ
ると、より自然らしさが演出される。熱帯魚
店やホームセンターなどで入手できるが、
川原で採取してくるのも楽しい

タナゴの餌

タナゴ類は、種類によって動物食が強かったり植物食が強かったりなどの違いはあるものの、基本的には雑食性で、アカムシなどの生き餌から人工飼料まで幅広く食べてくれる。どのタナゴにも、単食は避け様々な餌をバランスよく与えることが大事である

1 人工飼料

天然の原料を配合し、さらに栄養分を添加したもの。目的別に、形状や主成分などに違いがある。アカムシやエビなどの生物をフリーズドライ（凍結乾燥）させたものも、人工飼料と呼ばれることがある

●粒状フード
配合した飼料を粒状に固めたもので、浮上性と沈降性のものがある。粒のサイズは各タイプ揃っているので、飼育個体の口のサイズに応じて、食べやすいものを選ぶ。日本産淡水魚用（写真）の他、熱帯魚用、金魚用などもあり、いずれも与えることができる

●フレークフード
小型魚が食べやすいように、フレーク状に薄く柔らかく仕上げてあるもの。水分を含んで、徐々に沈んでいく性質をもつ。熱帯魚用（写真）と金魚用の飼料があるが、タナゴ類の餌としても適している。植物質を主成分にしたものもある

●タブレットフード
特定の熱帯魚用に開発された飼料だが、植物質を主成分にしたプレコ用飼料（写真）は、タナゴ類にもよい餌となる。特に、植物食の強いカネヒラには与えたい餌である

●フリーズドライ
アカムシやエビなどの生物をフリーズドライ（凍結乾燥）させたものも、人工飼料と呼ばれることがある。飼育個体の口に対して大きい場合は、細かくちぎって与えるとよい

2.冷凍飼料

アカムシ、ミジンコ、ブラインシュリンプ、イトミミズなどを冷凍させたもの。栄養価は高いが、いったん解凍したものは再び冷凍させても栄養価が落ちてしまうので注意

●冷凍アカムシ
冷凍飼料の中ではもっとも嗜好性が強い。栄養価も高いが、単食で与えるのではなく、植物質の強い飼料などとバランスよく与えるようにする

冷凍飼料はブロックになっていることが多いが、水で解凍してから適量をスポイトで与えると、水槽内での残餌を防ぐことができる

3.生き餌

タナゴ類に与えることのできる生き餌には、アカムシやイトミミズ、ブラインシュリンプなどがある。アカムシやイトミミズは、他の飼料と比べると入手が困難なのが難点

●イトミミズ
栄養価が高く、また小型のタナゴ類や幼魚でも食べやすいという長所がある。ものによっては病気を持ち込む恐れもあるため、与える前に水道水でよく洗っておくこと

●アカムシ
栄養価が高くよい餌だが、幼魚では飲み込みにくいこともあるので注意。釣り餌用のものよりも、熱帯魚店で入手できる小さいアカムシの方が、消化がよい

水槽のコケ対策

水槽のガラス面などにつくコケを掃除するには、コケ取り用のグッズを使う方法と、コケを食べてくれる生物に任せる方法とがある。ともに熱帯魚店で入手できるので、必要に応じて揃えておきたい

コケ取りグッズ一例

熱帯魚店には、コケ取り用のグッズが多く揃っている。水槽サイズによって使いやすそうなものを選べばよいが、商品によってはアクリル水槽に傷をつけてしまうこともあるので、購入前に確認しておこう

コケ取り用のスクレーパーを使ってのコケ取りシーン。ここまでコケがひどい状態になる前に、定期的にコケ掃除をしておくこと

コケ取り専用のスポンジで、小型水槽のコケ取りに適している。家庭用スポンジでもコケは取れるが、抗菌加工されているものは使用不可

長い柄の先にスポンジとラバーがついたもの。大きめの水槽でのコケ取りに適している

お役立ちなコケ取り生物

エビや貝の仲間にはコケを食べる種が多い。特に、水草の葉に着いたコケはヤマトヌマエビに任せるとよい

ガラス面に着いたコケを食べるフネアマガイ。放射線状に残っている模様は、フネアマガイがコケを食べた跡

●フネアマガイ
沖縄の河口から渓流域に生息する貝。貝の仲間では、タニシなどの巻き貝もコケを食べてくれるが、コケ取りとしての働きはフネアマガイがもっとも優れている

●ヤマトヌマエビ
淡水性のエビで、コケ掃除に活躍してくれる。他にもエビの仲間では、ミナミヌマエビなどもコケ取りとして知られるが、ヤマトヌマエビに比べて小型のため、サイズによってはタナゴ類に食べられてしまう

飼育前のトリートメント

魚を飼育水槽に導入する前に必要な作業が、トリートメントである。魚を状態よく飼育できるかどうかは、このトリートメントにかかっていると言えるほど重要な作業で、特に採集してきたタナゴ類には必ず行ないたい

● 魚病薬
エルバージュやグリーンFゴールドなど「フラン剤」類の薬が適している

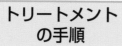

必要なもの

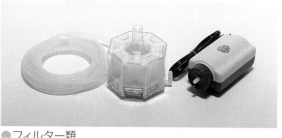

● フィルター類
投げ込み式（写真）やスポンジフィルターなど、エアポンプを使った簡易的なものでよい。小型の水槽と、飛び出し防止のためのフタも必要

トリートメントの手順

①40cm水槽に投げ込み式フィルターをセット。フィルターは、水槽の角に固定すると驚いた魚がフィルターと壁面との隙間に体を突っ込んでしまうことがあるため、エアチューブをキスゴムで壁面に止めるなど固定はしないようにする。また、ケガ防止や管理のしやすさを優先するため、隠れ家や底砂は入れないこと

②魚病薬を投与する。多めに投与すると魚が死んでしまうこともあるので、規定量を守ること

③「フラン剤」類の薬は2日ほどすると効果が薄れてくるので、2日に1度半分程度の水を捨て、同じ魚病薬を規定量溶かした水を注水する。この作業を、魚の状態を観察しながら1週間以上繰り返す。「フラン剤」類の薬は光に弱く、照射すると効果が薄れてくるので、照明は魚を観察するときだけに点ける

タナゴの病気

タナゴ類の病気は、気づいた時点では手遅れであることが多い。そのため、病気を発症させないように管理し病気の発症を予防することが、タナゴ類の病気においてもっとも大切なこととなる。しかし、中には魚病薬を使って治療できるものもあるので、薬をひと通り揃えておくとよいだろう

①穴あき病

②マツカサ病

③寄生虫（チョウ）

各種魚病薬

タナゴ類の病気

　タナゴ類がかかりやすい病気には、エロモナス症、白点病などがある。

　エロモナス症は、水換えを怠り水質が悪化したときなどに発症しやすいもので、鼻孔や吻が赤くなる、体表がただれる、鱗が膨らんだように見える、などの症状がある。初期の頃に発症に気づかず見過ごしてしまうと、それらが進行し、穴あき病（体表に穴があき赤くただれるもの）、マツカサ病（鱗嚢 - 鱗の入っている袋 - 内に水様液がたまり、鱗が逆立ってしまうもの）などに発展する。穴あき病、マツカサ病などのエロモナス症は、いずれも気づいた時点では手遅れであることが多く、水換えすれば治ることもあるが、確実ではない。

　白点病は、水温が急激に変化したときなどに発症する。体表にごく小さい繊毛虫（白い点のように見える）が付着し、発症した個体は、かゆがって体を石や底砂などにこすりつける仕草が見られる。治療には、毎日ほぼ半分ほどの水換え、専用の魚病薬の投与、水温を30〜31℃ほどに上げる、などの方法がある（組み合わせてもよい）。

　また、採集個体にはチョウ（ウオジラミ）やイカリムシなどが寄生していることがある。これは、ピンセットで取り除くか専用の魚病薬で対処する。

　タナゴ類の病気については、いずれも治療することよりも、まずは発症させないことが重要と言える。そしてそのためには、日頃からこまめに水換えするなど、飼育環境を清潔に保つことが、最善の方法となる。

タナゴと混泳飼育が楽しめる魚

ひとつの水槽に複数種の魚を泳がせることを「混泳」という。カゼトゲタナゴなど小型で温和な種の飼育や繁殖を狙う場合は、同種のタナゴ類だけでの飼育が望ましいが、そうでなければ、他の魚たちを泳がせるのも華やかで楽しいものである。ここでは、例にあげた60cm混泳水槽に泳ぐ魚を中心に、タナゴと混泳が楽しめる魚を紹介しよう

撮影／橋本直之

60cmレギュラー水槽に、同じ場所で採集してきた計10種類の魚を泳がせた飼育例。いちばん目立っているのはオイカワのオス（上層にいる青みの強い魚）。魚の数が多いため、溶存酸素量を増やす目的でエアレーションも施している

水槽サイズ：
60×30×36（高）cm
フィルター：
外部式フィルター
底砂：田砂
魚：ヤリタナゴ、タイリクバラタナゴ、オイカワ、カワムツ（B型）、タモロコ、ビワヒガイ、モツゴ、キンブナ、ギンブナ、ドジョウ
水草：ハゴロモモ、マツモ

DATA

同産地の魚を他数泳がせることによって、単に賑やかになるだけでなく、より現地の水景に近づけることができるのも、混泳水槽の魅力である

タナゴと混泳飼育が楽しめる日本産淡水魚

■ドジョウ類
底層をチョコチョコ泳ぐ姿がかわいらしい。温和な種が多く、タナゴ類との混泳に適している。写真はドジョウ(マドジョウ)

■オイカワ
全長10cm以上に成長し泳ぎも速いが、中型以上のタナゴ類となら混泳が楽しめる。写真はメス

■カワムツ類
主に河川上～中流域に生息している。従来はA型とB型とに分類されていたが、近年A型はヌマムツと改められた。写真はカワムツ

■ヒガイ類
日本には2種2亜種が生息している。どの種も二枚貝の外套腔に卵を産みつける。写真はビワヒガイ

■フナ類
タナゴと同じポイントで釣れてくることも多い。キンブナ、ギンブナなど比較的小型の種を選ぼう。写真はギンブナ

■モロコ類
温和な種が多くタナゴとの混泳に適しているが、飼育時にはややデリケートな面も見られる。写真はタモロコ

■モツゴ
タナゴ釣りでは外道扱いされることもあるが、婚姻色を出したオスはなかなか美しい。全長8cmほど

■ツチフキ
流れのゆるやかな池や沼などの底層を好む。中層を泳ぐタナゴ類とは、泳ぐ層が異なるのもちょうどよい。全長10cmほど

日本に自生する水草カタログ

水草には、水槽内を彩ってくれるだけでなく、水を浄化するという働きもある。また、魚の隠れ場所となったり、カネヒラのような草食性の強い種には餌としても役立つので、タナゴ類のためにもぜひ入れてみてほしい。こ

こでは日本に自生する水草を紹介するが、どの種も水草の中では丈夫な部類に入るので、その美しい姿を楽しませてくれるだろう

撮影／橋本直之

■マツモ

池や流れのゆるやかな水路などに自生する。丈夫な水草で、根を持たないため水中に浮かべておけばよい。水質の浄化能力もかなりのものである。水槽導入初期や水質が急変したときなどには、溶けてしまうこともある

■オオカナダモ（アナカリス）

南米原産の水草で、日本でも多くの淡水域でも見かけることができる。一般に、"キンギョモ（金魚藻）"の名で販売されていることも多い。底砂に植えた方がよいが、浮かべておくだけでも育つ

■ウイローモス

藻類とは異なる水生の苔の1種。物に活着する習性があるので、流木や石などに木綿糸で縛っておくと着生する。流木に活着した状態でも販売されている。稚魚の育成水槽には、ほぐして多めに沈めて入れると隠れ家になる

■キクモ（アンブリア）

丈夫な水草で、東南アジア原産だが日本に自生するものはキクモと呼ばれる。流通量が多く、入手も容易（P／編集部）

■ネジレモ（スクリューバリスネリア）
琵琶湖と、その水系に分布しているが、熱帯魚店で入手できる。強いネジレを保つには、
強光量下で育成するとよい。写真は琵琶湖の水中にて

■ハゴロモモ（カボンバ）
北米原産だが、日本にも帰化している。一般に"キンギ
ョモ"として販売されていることが多くポピュラーな水草
だが、育成はやや難しい面がある（P／編集部）

■マツバイ（ヘアーグラス）
日本の水田などに自生している。束で売られているが、
ほぐしてなるべく1株ずつ植えるようにする。通常は草丈
10cmほどなので、水槽の前景に適している。育成はや
や難しい（P／石渡）

繁殖を楽しもう

　タナゴ類は、大変おもしろい繁殖生態を持っている。飼育するのであれば、単に美しい婚姻色を見るだけでなく、繁殖行動を観察することをおすすめしたい。種類によって繁殖行動は異なるが、基本的には産卵管を二枚貝の出水管から鰓上腔もしくは鰓葉腔に挿入し、卵を産みつける。オスは入水管に向かって放精し、二枚貝によって吸い込まれた精子は先に産みつけられた卵と受精する。その後、受精卵は発生しふ化するが、ふ化した仔魚はすぐに外界へ出ていくのではなく、しばらくは鰓葉腔で生活する。卵黄を吸収し成長した仔魚は、自分の力で泳げるようになると、二枚貝の出水管から外界に出てくる。このような生態をじっくり観察できるのは、水槽飼育における賜物である。

　また、産卵生態だけでなく、回転闘争、吻突きなど、産卵に伴うオスのなわばり争いも目を見張るものがある。この時の興奮したオスの婚姻色は、とても言葉で表現できるものではない。飼育して初めて、この美しさを見ることができるのである。

　タナゴを飼育するのであれば、単純に飼うだけではなく、繁殖を目標としてもらいたい。そうすることによって、自然環境からタナゴを採集するのではなく、継代飼育によって、自然環境への負荷を軽減することもできるのである（秋山）

産卵管の中に見えるのが卵

1.ニッポンバラタナゴの繁殖行動

繁殖が近づき、ドブガイを覗き込むニッポンバラタナゴ（大阪府産）のペア。上のメスは産卵管が伸びている（P／増田）

ニッポンバラタナゴの繁殖形態

主な産卵期：4〜8月
産卵する主な貝：ドブガイ

産卵管をドブガイへ差し込み、産卵中のメス。体をくねらせ、懸命に産みつける姿は感動的で、このような光景はタナゴ飼育の醍醐味のひとつである（P／増田）

2.アブラボテの繁殖行動

主な産卵期：4〜6月
産卵する主な貝：ドブガイ、
　マツカサガイなど

産卵床となるマツカサガイを気
にするアブラボテ（福岡県産）
のペア（P／橋本）

繁殖が近づいているため、マ
ツカサガイを覗き込む。何か
を確認しているかのような表
情だ（P／橋本）

マツカサガイは、やや砂中へ潜って
しまったが、マツカサガイの出水管
へ産卵管を差し込み、卵を産みつけ
るメス（P／橋本）

3.イチモンジタナゴの繁殖行動

イチモンジタナゴの繁殖形態

主な産卵期：4〜8月
産卵する主な貝：
　　　　　　ドブガイなど

繁殖が近づき、ドブガイを覗き込むイチモンジタナゴのペア。メス（手前）の産卵管は、ドブガイに向かっている（P／橋本）

移動したドブガイを追いかけるメス（P／橋本）

産卵管を、器用にドブガイへ向けて差し込もうとするメス。左後ろでは、オスが授精のタイミングを計っている（P／橋本）

美しい婚姻色を、より色濃く浮かび上がらせ、ヒレをめいっぱい広げて闘争するイチモンジタナゴ（岐阜県産）のオス。繁殖期に闘争するオスは、その種最大の美しさを現してくれる（P／秋山）

4.タイリクバラタナゴの繁殖行動

繁殖のため、ドブガイへ近づいたタイリクバラタナゴ（岐阜県産）のペア。メスは、ドブガイへ産卵管を差し込もうとしている（P／秋山）

ドブガイの出水管へ産卵管を差し込み、体をくねらせ卵を産みつけるメス（P／秋山）

集団放精

これは集団放精の様子。メスが産卵した途端、物陰に隠れていたなわばりを持つことができなかったオスたちが現れ、一斉に放精しているのだ。また本種では、多数で飼育していると、集団でほぼ同時に産卵と放精を行なうこともある（P／秋山）

タイリクバラタナゴの繁殖形態

主な産卵期：4〜9月
産卵する主な貝：ドブガイ、カラスガイ、イシガイなど

二枚貝内部の様子

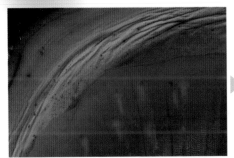

タナゴ類の卵は、二枚貝のエラの構造である腔所に産みつけられる。ふ化後、仔魚は鰓葉腔にとどまり、やがて浮上する。写真はタイリクバラタナゴの仔魚（P／増田）

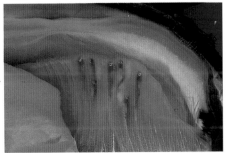

ふ化後およそ2週間経過しており、仔魚には目が発生している。タイリクバラタナゴは、受精後約30時間でふ化し、ふ化後20日程度で二枚貝から浮上する（P／増田）

タナゴの産卵床となる二枚貝
カワシンジュガイ類・イシガイ類カタログ

撮影・解説／増田 修

カワシンジュガイ類はおもに寒冷地に分布するが、イシガイ類は世界中の淡水域に広く分布する二枚貝である。殻は数cmから40cmに達し、殻表面は黄褐色から黒色の殻皮で被われる一方、殻内面には美しい真珠光沢がある。日本産の多くは淡水魚と同様に中国大陸産と深く関連があり、同種や姉妹種が少なくない。国内にはカワシンジュガイ科が2種、イシガイ科は近年の遺伝子を主とした研究で15種ほどだったものが、Lopes-Lima et al. (2000)によって東アジア（東ロシア，日本，韓国）のイシガイ科の分類体系が見直された。これによって、日本産は国外外来種2種を含めた28数種に再分類されたが、本書では、支障のない程度にこれまでの分類を用いて掲載した

カワシンジュガイ

ササノハガイ

ササノハガイ（琵琶湖産）

イシガイ

■カワシンジュガイ

Margaritifera laevis (Hass, 1910)

殻長130mmほどになり、大型貝の外観は「へ」字様に湾入する。北海道や東北に主分布域があり、これより南の分布域（中国地方まで）では絶滅に瀕している。川の中流から下流域にかけて生息（関東以西では上流域）し、幼生は主にサクラマス類（一部ではイワナ類）のエラに寄生する。近似種にやや小型で腹縁の湾入が弱いコガタカワシンジュガイM. togakushiensis Kondo & Kobayashi, 2005 がある

■ササノハガイ

Lanceolaria oxyrhyncha (Martens,1861)

殻長100〜15mmになる、細長い「笹の葉」形の貝である。殻頂後方から後端にかけて稜がある。愛知県・福井県伊勢の本州、四国東部に分布し、琵琶湖水系産は太短い型となる。九州北部には、稜の角立ちが弱く後方は不明瞭となるキュウシュウササノハガイL.kihirai (Kondo & Hattori, 2019)が分布する

■イシガイ

Nodularia douglasiae (Griffith&Pidgon,1834)

殻はやや細長い殻長50mm前後のことが多い。北陸から四国・九州に分布する。北海道から琵琶湖水系に分布するものはタテボシガイN.nipponensis(Martens,1877)に分類されるが、イシガイとの貝殻での区別は容易ではない。これまで琵琶湖産をタテボシガイとされてきたが、単なる湖沼型である

オトコタテボシガイ　ニセマツカサガイ　ヨコハマシジラガイ

マツカサガイ　オバエボシガイ　カタハガイ

■オトコタテボシガイ

Inversiunio reinianus (Kobelt, 1879)

殻長50mm前後。殻頂は前方に偏り、後方が伸長したクサビ形となる。殻質は極めて厚く重圧感があり、交歯は平行に配列することが多い。円みのある型はセタイシガイと呼ばれている。琵琶湖固有種

■ニセマツカサガイ

Inversiunio reinianus yanagawensis (Kondo, 1982)

殻長50mm前後。後背縁の近が浅く湾入し、殻表面には疣状あるいは短い棒状の彫刻がある。近畿西部の瀬戸内海流入河川から九州、四国に分布し、場所によっては、よく似たマツカサガイと混生する

■ヨコハマシジラガイ

Inversiunio jokohamensis (Ihering,1893)

ニセマツカサガイに比べて外観はやや細長く、殻表面の彫刻は細かい。北海道中・南部から山陰東部・三重県にかけて分布する

■マツカサガイ

Pronodularia cf. japanensis 1〜3 (Lea,1859)

殻長50mm前後で卵形を有するが、地域や水系での殻の変異がある。東北から九州、四国に広く分布し、河川、水路、湖沼に生息する。近年の研究で、マツカサガイ広域分布種(sp.1)、東海固有種(sp.2)、東北本州固有種(sp.3)の3種に分けられた。ただし、japanensis種 のタイプ産地が不明のため、種名の確定にいたっていない

■オバエボシガイ

Inversidens brandti (Kobelt,1879)

殻長30mm前後。 後背部はやや張り出した歪んだ台形となる。殻頂周辺には目立った漣状彫刻を有するが、成貝では不明瞭になる。擬主歯はヘラ状に突出するのを特徴とする。殻の内面は淡い橙色を帯びる。愛知県・富山県以西の本州と九州に分布する

■カタハガイ

Obovalis omiensis (Heimburg,1884)

殻長60〜100mmになり、後背部がやや張り出し、波状模様が目立つが、老成すると不明瞭になることが多い。新潟県・愛知県以西の本州、四国東部、九州北部分布する

カラスガイ

フネドブガイ

メンカラスガイ

イケチョウガイ
（成貝）

メンカラスガイ
（幼貝）

マルドブガイ

イケチョウガイ
（幼貝）

■イケチョウガイ

Sinohyriopsis schlegelii (martens,1861)

殻長200mm程度。擬主歯と後側歯を有する。殻は厚く重圧感があるが、殻幅の膨らみは弱い。琵琶湖水系に分布し、養殖淡水真珠の母貝に使われてきた。近年、急激な減少を招き、現在はほぼ絶滅したと考えられる。一方で、移植された青森県の姉沼では、皮肉にも移植地において種が維持されている。現在、琵琶湖や霞ヶ浦で淡水真珠の母貝として利用されているのは、大陸産のS.cumingii (Lea,1852)の改良母貝とされている

■カラスガイ

Cristaria plicata (Leach,1814)

殻長は200mmを超える。擬主歯は無く、後側歯のみがある。若い貝は後背縁に翼状突起がある。北海道から山口県にかけて広く分布し、比較的大きな河川や付属する湖沼に生息する。おおむね主に日本海側に分布するグループ（カラスガイ）と東北から琵琶湖水系の太平洋側に分布するグループ（メンカラスガイ）があり、琵琶湖産は殻幅が大きい顕著な型である

■ドブガイ類

殻は薄質で壊れやすく、擬主歯も後側歯もない。外観が細長いものから円いものがあり、これまで、おおむね「円みの強いヌマガイ」や「細身のタガイ」などとして区別されていたが、外観では区別しにくく、同定の混乱を招いているグループである。近年、分子生物学によりドブガイ属Sinanodontaに外来種を含む4種、タガイ属Beringiana4種に細分化されたが、ここでは従来の大まかな2種に区別して示した

■フネドブガイ

Anemina araeformis (Heude,1877)

殻長100mm前後。殻頂がほぼ中央にあり、両殻は比較的よく膨らむ。いくつかの型が知られていたが、遺伝子型で新属のタブネドブガイ属Buldowskiaの2種が記載された。フネドブガイは九州北部のみに分布し、Buldowskia属の2種は北海道から北関東周辺に分布する

■マルドブガイ

Sinanodonta calipygos (Kobelt,1879)

殻長120mm前後。殻高、殻幅ともに大きく丸みが強い。殻頂部には畝状の皺があるが、成長と共に消失する。殻質は薄く脆く、幼・若貝では特に壊れやすい。琵琶湖特産とされてきたが近年、青森県産も本種に包括された。なお、鳥取県や山口県、香川県などの湖沼に移入し定着している

ドブガイの繁殖術

撮影・解説／増田　修

カラス貝の仲間は、幼生（グロキディウム）のときに魚に寄生しなければ稚貝に変態できないという習性をもつ。魚に寄生することによって、魚から栄養をもらい、魚の粘膜で包理されて守られ、違う場所へ移動することもできるのだわずか0.3mmほどの幼生が繰り広げる、巧みな寄生生活を観察してみよう

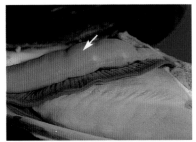

①写真はメスのドブガイ。受精卵や発育中の胚を外側のエラ（矢印部分）の中で育てるので、卵や育成中のグロキディウムが充満し、下側のエラ（内鰓）よりも厚く膨らんでいる

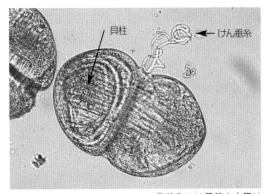

貝柱　　けん垂糸

②幼生には足筋や内臓はなく、殻を開け閉めする筋肉（貝柱）や、体を絡ませたりするための懸垂糸、感覚毛などの簡単な構造をしている

③母貝から放出される幼生。この時期では何十万もの幼生が産み出されるが、無事に稚貝になれるのは数匹、あるいはそれ以下であろう

④トウヨシノボリの縁に寄生したグロキディウムと見られる

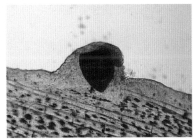

⑤ヒレに寄生したグロキディウム。寄生後は魚の粘膜に包理され、寄生後、約2週間ほどで、寄生した部分を食いちぎるようにして、水底に落ちていく

タナゴ道楽

和竿とは、竹を原料に作られた竿の総称で、江戸時代に江戸の下町で作られ始め発展してきたことから、江戸和竿とも呼ばれる。そして、現在でも日本の伝統工芸として作り続けられている和竿には、その1本1本に職人たちの高度な技術と魂が込められており、高価だが、こだわり派の釣り人にとっては欠かせないものとなっている。そもそも釣りという行為は道楽であるが、道楽はこだわってこそ楽しいものだ。釣りという道楽の中で、道具に対するこだわりを高めるようになった和竿は、まさに釣り道楽の象徴的存在と言えるのである

撮影／橋本直之

和竿の数々

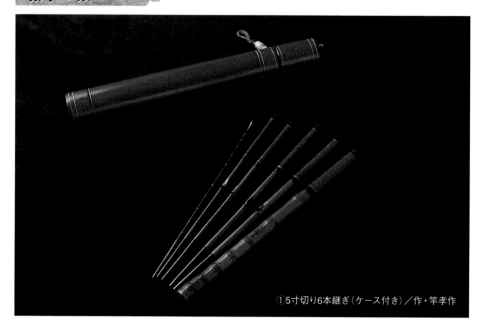

①5寸切り6本継ぎ（ケース付き）／作・竿孝作

タナゴ釣りの歴史

　タナゴ釣りは、江戸時代に江戸を中心に始まったものである。タナゴ類が釣れていたのは、下町を流れる多くの川や屋敷内に流れる小川などで、特に、下町の川にはあらゆる所に材木となる筏（いかだ）が浮かべられていたのだが、その下に集まってくるタナゴ類は、格好の釣りの対象となっていた。

　タナゴ釣りは、庶民だけでなく大名も熱中していたと言われているが、大名や旗本などが釣りをする際には、釣り場の後ろに金屏風を立てかけ、侍女たちをはべらせ、酒を飲み、1匹釣れるごとに太鼓を打ちならしてお祝いをしたという言い伝えもあり、これが事実であれば、タナゴ釣りは宴としての役割を果たしていたこともうかがえる。

　また、当時タナゴ釣りをしていた釣り人の中には、道糸の代わりに女性の髪を使ったり、また裕福な者では、和竿職人に対し、釣りやすい竿を要求するだけでなく、竿の一部を金や銀で塗装するように注文したりと、仕上げの美しさにこだわることもあった。この、タナゴ類という小さな魚を釣るためにわざわざ大枚をはたくという行為は、粋な江戸っ子ならではのこだわ

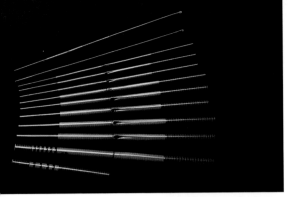

②8寸切り10本継ぎ、替穂（上列）・
替元（下列）付き／作・東光

③8寸切り5本継ぎ／作・竿孝作

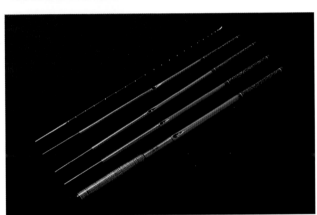

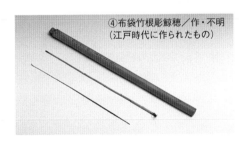

④布袋竹根彫鯨穂／作・不明
（江戸時代に作られたもの）

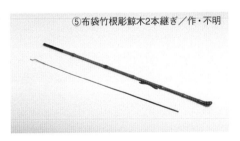

⑤布袋竹根彫鯨木2本継ぎ／作・不明

りであり、釣り道楽の極みとも言えるものである。

　さらにタナゴ釣りには、そのようなこだわり以外にも、釣った数を競うという競技としての楽しみ方もある。昭和30年代には、安喰梅吉というタナゴ釣りの名人が、6時間に1千匹以上を釣り上げたという記録が残されている。

　安喰名人は、数を稼ぐために手返しよく釣りをすることを重視し、短く扱いやすい江戸和竿を使用していたが、その釣り方は「安喰式」と呼ばれ、多くのタナゴ釣り師に影響を与えるほどであった。

　仕掛けは、昭和40年代以前はミャク釣り、それ以後はウキ釣りが主流となっている。これは、関東でタナゴ釣りの主なポイントとなっていた川やホソなどが、戦後になると、埋め立てられたり、農薬の影響を受け魚などの生物が減ってきたためである。比較的水の流れが速くミャク釣りが適している川やホソなどに対し、その後タナゴ釣りの主なポイントとなった船溜まりでは、水の流れが弱いため、ウキ釣りの方が適していたのだ。

　そしてそのことが、現在主流の小型のイトウキなどを使ったウキ釣り仕掛けの発展へと、つながってきたのである。

⑥10本継ぎ青地塗4本納め／作・竿治

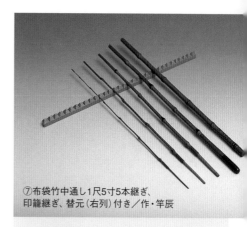

⑦布袋竹中通し1尺5寸5本継ぎ、
印籠継ぎ、替元（右列）付き／作・竿辰

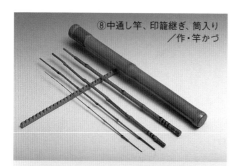

⑧中通し竿、印籠継ぎ、筒入り
／作・竿かづ

道糸を巻くことのできる糸巻きが付いている。
道糸は、鳩目穴という小さな穴から竹の中を
通過し、竿先へ通される

手元部分は取り外しができ、糸巻きが収容
できる構造になっている。道糸は、竹の節
間を通り、竿先へとつながる

和竿の用語解説

替穂（替穂先）／2本目のスペア穂先のこと。タナゴ
釣りでは釣り方によって、鯨穂、削り穂、布袋竹の穂
先などを使い分ける

替元（替手元）／竿の長短を返るために、継ぎ竿の
途中に差し込む補助用の竹竿

鯨穂／セミクジラや鰯鯨などのヒゲと呼ばれる部分

で作られた穂先。ミャク釣りでの穂先に適している

削り穂／真竹の古竹で作った穂先。タナゴ類やフナ
類などの小型魚を、ウキ釣りするときの穂先に適して
いる

中通し竿／竹の節間をくり抜き、その空間に道糸を
通したもの。昭和30〜40年代にかけて作られ始めた

布袋竹／もっとも和竿に使われている竹

真竹／マブナやヤマベなどの削り穂に使われる

その他の伝統工芸

⑨紐付きの水箱。水箱とは、餌や釣った魚など
を入れることのできる箱のこと。写真のものは、
昭和20～30年頃に製作されたもの。幅は20cm
ほどで、箱の内側、外側ともに漆で塗られている。
内側には朱の漆が使われているが、この色は古
くは魔よけの効果があるとされていた

⑫タナゴ仕掛け入れ・糸巻き付き。ウキなどの小物を
収容するためのケース。写真のものは、ケースとウキ
のすべてに漆が塗られている。また、ヒモを通している
2ヵ所の白いつまみは象牙製というこだわり

⑩幅15cmほどの水箱で、昭和初期に製作さ
れたもの。釣った魚を収容するビクと餌入
れなどがセットになっている。内側、外側
ともに漆が塗られている（内側は朱の漆）

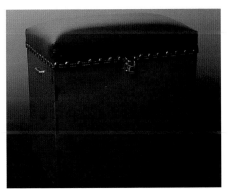

⑪近年では、クッションが付いたイス兼用の合切箱も作
られている。大型のため、仕掛けや餌、弁当、雨具など
様々なものが収容できる。写真のものは、外側は透き漆、
内側は朱の漆が塗られている。また近年の合切箱は、防
水性の高いウレタン仕上げのものが多い

撮影協力：
東作本店／①、②、③、⑪
江東区中川船番所資料館／④、⑤、⑥、⑦、⑧、
⑨、⑩、⑫ ）

タナゴ料理

撮影／橋本直之

タナゴ類の調理方法としては、つくだ煮とすずめ焼きが主に知られている。これらの調理方法は歴史が古く、現在では多くの魚介類などが素材に使われ各地で名産品として存在しているが、タナゴ類を原料にしたものは、今でも茨城県や千葉県などで、古くから続く伝統料理として親しまれている

タナゴのつくだ煮

つくだ煮は江戸時代から続く伝統的な調理方法で、タナゴ類のつくだ煮としては、タナゴ類だけをつくだ煮にしたものや、タナゴ類やフナ類、モロコ類などを混ぜ合わせた"雑魚のつくだ煮"などが知られている。タナゴ類の味の特徴は、やや苦みがあることで、つくだ煮の甘辛いタレとはよく似合う

タナゴのすずめ焼き

すずめ焼きとは、つくだ煮にした魚を串に刺したり、串に刺して焼いた魚をタレに浸けて味つけしたりする調理方法のこと。タナゴの他いくつかの魚を原料にしたすずめ焼きが知られているが、古くは主にフナに使われた調理方法で、現在でも琵琶湖周辺などではフナのすずめ焼きが有名

タナゴのつくだ煮の作り方

① 魚を1〜2日ほど、生きたまま水の中でストックし、泥を吐かせる。

② 魚を氷水で洗う。小型の個体ではそのままでよいが、大型の個体を使う場合は、鱗やエラ、内臓を取り除いてもよい。

③ 鍋に、しょう油、酒、味醂、砂糖、水飴、おろししょうがなどを調合したタレを入れる。タレはつくだ煮の命なので、味見をしながら慎重に調合したい。

④ タレを一度沸騰させた後、魚を鍋に移し、30分〜1時間半ほど煮込む。このときの煮込み時間も味の決め手となるので、途中で味見をしながら、ちょうどよい頃合いで火を止める。煮詰まりそうな場合は味醂を足す。

⑤ 鍋から魚を別の容器に移し、冷蔵庫に入れて冷まして完成。

タナゴのすずめ焼きの作り方

① 魚を1〜2日ほど、生きたまま水の中でストックし、泥を吐かせる。

② 内臓を取り、串を胸元から頭頂部に向かって刺す。小さな個体の場合は、身が崩れてしまうこともあるので、内臓は取らない。また、大きめの個体では鱗を取っておいてもよい。

③ 串に刺した魚を、コンロや炭火で焼く。途中で、つくだ煮に使うタレと同様に味つけしたタレに浸け、再び火にかける。これを2回繰り返す。

④ 頃合いを見て火を止めて完成。タレに浸けずに、最後に塩で味つけするのもよい。

タナゴ概論

タナゴ類の各部の名称

●オスの成魚

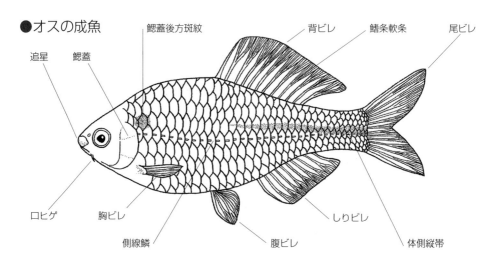

追星　鰓蓋　鰓蓋後方斑紋　背ビレ　鰭条軟条　尾ビレ

ロヒゲ　胸ビレ　側線鱗　腹ビレ　しりビレ　体側縦帯

●メスの成魚

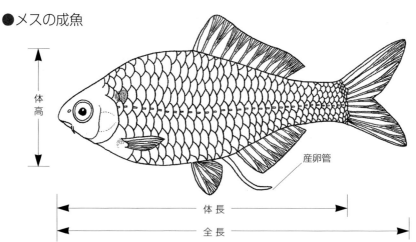

体高　体長　全長　産卵管

●稚魚

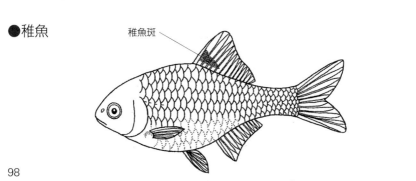

稚魚斑

98

二枚貝類の各部の名称

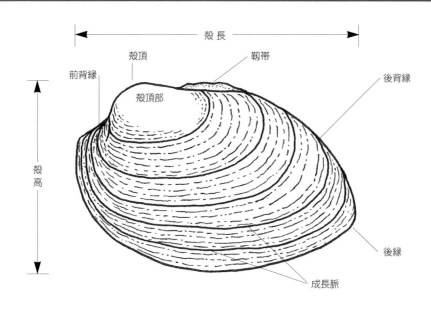

殻長

殻頂　　靭帯

前背縁　　　　　　　　　　　　　　　　後背縁

殻頂部

殻高

後縁

成長脈

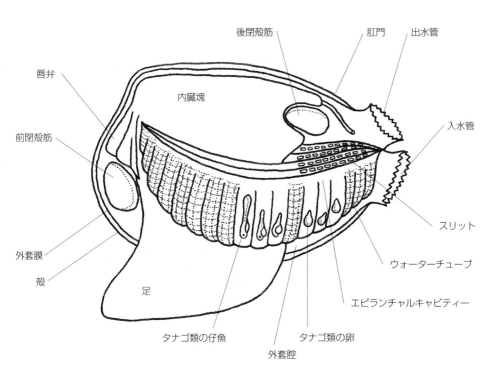

後閉殻筋　　　肛門　　出水管

唇弁

内臓塊

前閉殻筋

入水管

スリット

外套膜

殻

足

ウォーターチューブ

エピランチャルキャビティー

タナゴ類の仔魚　　タナゴ類の卵

外套腔

タナゴ概論

タナゴの仲間の "特徴と その不思議"

〜その生物学〜

文／鈴木伸洋

タナゴ類は、コイ目タナゴ亜科に分類されます。亜科とされるのは、タナゴ類で、系統進化上はひとつのまとまった特徴をもつ家系が成立していると考えられることによります。ここでは、タナゴ類の主な特徴とその不思議について紹介していきましょう。

分類と形態的特徴

タナゴ類は、世界中で40種類ほどが知られていますが、別の種類とされるもの同士が同じ種類になったり、同じ種類の仲間が別の種類に分けられたりと、分類の整理が未完成です。そのため、今後、研究が進むにつれても種類数は変動することが予想されます。分類学では、系統進化上非常に近い種類同士をグ

ループにまとめる「属」という単位があります。タナゴ類は、今までそれぞれの分類学者が4〜5つの属に分けていましたが、最近はアブラボテ属(*Tanakia*)、バラタナゴ属(*Rhodeus*)、タナゴ属(*Acheilognathus*)の3つに分けるのが一般的です。

タナゴ類の形態は、全体的にフナに似た体型をしています。背ビレは1基で比較的大きく、しりビレも発達しています。種類によって、眼径の大きさに一致するような長い口ヒゲをもつものから、それがごく短いもの、また口ヒゲがないものまで様々です。

体側には縦帯がありますが、これが太く明瞭な種類から、細くて不明瞭な種類があります。また、この縦帯に続いて尾ビレの中央にも縦帯がある種類とない種類がいます。

エラ蓋の後方から始まる側線の鱗が尾ビレ近くまで穴の開いている種類と、エラ蓋の後方の数枚だけが穴が開いている種類があります。中には、ミヤコタナゴのように穴の開いている鱗と開いていない鱗とが、不連続に尾ビレ近くまで並んでいるものもいます。

エラ蓋の後方上部にはほぼ円形の斑紋があり、これが明瞭な種類と不明瞭な種類があります。背ビレとしりビレ、あるいは腹ビレなどの外縁部が赤、白あるいは黒などの色素の帯で縁取られる種類がありますが、これはメ

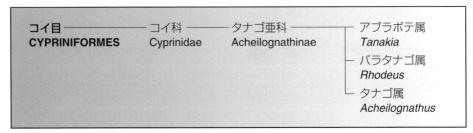

コイ目 CYPRINIFORMES	コイ科 Cyprinidae	タナゴ亜科 Acheilognathinae	アブラボテ属 *Tanakia*
			バラタナゴ属 *Rhodeus*
			タナゴ属 *Acheilognathus*

スよりもオスで顕著です。

また、背ビレの鰭条間膜（きじょうかんまく→鰭にある骨（鰭条）と骨の間にある皮膚の膜のこと）に、楕円形の斑紋が列をなして並ぶ種類と、これがほとんど認められない種類があります。

産卵期には、メスは肛門近くに産卵管と呼ばれる１本の管が伸び、同時にフェロモンという化学物質を出します。オスは体側や各ヒレに、種類ごとに特徴的な婚姻色と呼ばれる体色変化や、口のまわりや、時としてヒレにも皮膚が肥厚して堅くなった追星と呼ばれる、産卵床を巡るオス同士の戦いに役立つ白っぽい突起物が現れます。雌雄ともに、これらの体に現れる変化は、産卵準備ができたことを雌雄間で知らせる役目をしています。

タナゴ類には、エラ蓋後方に斑紋が入る種が多い。写真はシロヒレタビラのオス

追星の現れたタナゴ（マタナゴ）のオス

在来種の分布の特徴

ここでは、日本に古来分布していたタナゴ類（タイリクバラタナゴのように外国から移植された種類は除く）における、天然分布の特徴をみてみましょう。現在分布が確認されていても、それが移植による場合は含みません。また、大胆かつ大まかにみた場合であることをお断りしておきます。

タナゴ類は、北海道と小島の一部を除く日本全土に分布しています。最も大きな特徴は、濃尾平野を境に分布が東西に分かれることです。この特徴は、日本列島の淡水魚の多くの仲間にも認められるもので、列島の起源などの地理的要件が関係していると考えられます。この事実から、タナゴ類は主に日本列島が大陸と陸続きであった時代に、アジア大陸から日本列島の西側を経て、東側に分布を拡げていったと推定されます。

現在、在来のタナゴ類は14種および亜種が知られていますが、列島に最も広く分布する種類はヤリタナゴです。それ以外の種類の天然分布は、おおまかに濃尾平野が境になっています。

濃尾平野以西で最も分布が広いのはアブラボテとカネヒラで、九州にはカゼトゲタナゴとセボシタビラが特異的に分布しています。そして、シロヒレタビラ、イチモンジタナゴ、イタセンパラ、ニッポンバラタナゴ、スイゲンゼニタナゴは本州の濃尾平野以西に、ミヤコタナゴ、タナゴ（マタナゴ）、ゼニタナゴはその以東に分布します。

アカヒレタビラ類は日本海側に連続的に分布し、鳥取、島根の両県まで分布が広がってい

タイリクバラタナゴのペア。メスは二枚貝の出水管に卵を産みつけている

ます。しかし、島根、鳥取の分布を除けば、やはり主な分布は濃尾平野以東になります。また、濃尾平野以東にはバラタナゴ属が分布しません。これは、バラタナゴ属の仲間の列島への伝来を考える上で大変興味深いことです。

産卵と仔魚の生態

鳥のカッコウが託卵することは有名ですが、タナゴの仲間は二枚貝に託卵することが知られています。タナゴ類の場合の産卵形態は、まず、メスが淡水二枚貝の出水管に産卵管を入れて貝のエラに卵を産みつけると、同時にオスが入水管近くで放精し、貝の中で受精が行なわれるというものです。

その託卵に使う貝は、どんな種類でもいいというわけではなく、イシガイ科に属する二枚貝が使用されます。これらの貝はエラに育児嚢という場所をもっていて、貝の幼生は一時期ここで保育されます。その後、貝の幼生は魚類などの皮膚やエラなどに寄生した後に稚貝となり、川底などで成長します。

なぜ、タナゴ類がイシガイ科を選択的に産卵床に利用するのかについての、はっきりとした理由は解明されていません。イシガイ科

の幼生が魚類に寄生する習性をもつことから、貝にとってはタナゴ類が産卵床に使うことで、タナゴ類に貝の幼生が寄生する機会が増えることになり、一方タナゴ類の仔魚にとっては、他の貝類に比べてイシガイ科の貝は居心地がよいエラの構造をしているのでしょう。

しかし、イシガイ科の貝の幼生が寄生するのは、タナゴ類よりもむしろハゼなどの底魚に多く、貝への託卵を巡る両者の関係は、タナゴ類の方が一枚上手というところでしょうか。

また、タナゴ類は種類によって、イシガイ科の中でも託卵する貝の種類が違います。どうして託卵する貝が異なるのかについては、産卵生態と密接な関係がありそうです。

まず、卵は貝から吐き出されないように、なるべくエラの育児嚢近くの深部に産みつけることが必要です。タナゴ類は、体の大きさとは無関係に種類によって産卵管の長さが異なりますから、産卵管の長さに合致した育児嚢の位置をもつ貝の種類が選択されるようになったのではないでしょうか。

そして興味深いことは、タナゴ類は匂いで貝の種類を判別し、同じ貝の種類でもその貝の生息していた場所の違いまでをも識別できるということです。

一般に多くの魚類では、外敵に食べられる確率が最も大きいのは、卵やふ化した仔魚の時期です。しかし、タナゴ類は貝の中に卵を産むことで、外敵から卵の捕食を逃れている

タナゴの仲間の "**特徴**とその**不思議**"

だけでなく、仔魚の時期も貝の中で成長するので、仔魚になっても捕食されることがないのです。

このため、産卵期間中に産む卵の数は、種類によって多少異なりますが、ほぼ数百卵と、魚類の中では非常に少ない部類に入ります。そして、1回に産む卵の数が少ない種類は産卵期中に数十回にわけて産卵し、そうでない種類は数回しか産卵しないと考えられます。これらの代表的な種類としては、前者がスイゲンゼニタナゴ、後者がヤリタナゴがあげられます。

タナゴ類が産む卵数が非常に少ないという理由は、外敵からの捕食を託卵によって逃れるということに加えて、タナゴ類は、コイ科魚類の中では総じて小型の種類が多く、天然では早い種類は生まれたその年、遅い種類でも1年で産卵し、寿命が1～2年と短いことにも関係していると推定されます。

この、託卵によるしたたかな生き残り戦術は、魚類では珍しい産卵生態です。タナゴ類は、この生態を進化の過程で獲得し、特定の貝を選択するようになったことで、種類数を飛躍的に増やすことに成功したと推定されます。

しかし、水域の環境悪化が懸念される今日では、貝が生息できない環境が増えており、そのような場所はタナゴ類が繁殖できない絶対的条件になってしまいます。そのため、タナゴ類を保護していくためには、貝が生息できる環境を守ることが、何よりも大切なこととなるのです。

繁殖期の違い

動物や植物には、同じ種類でも繁殖期に季節の違いがみられることがあります。タナゴ類では、同じ種類で繁殖期に違いがあることは確認されていませんが、繁殖期が主に春季の種類と、秋季の種類とがいます。

世界中に生息している40種類ほどのタナゴのうち、アブラボテ属とバラタナゴ属の種類すべての繁殖期は春季で、タナゴ属の多くの種類も春季です。しかし、カネヒラ、ゼニタナゴ、イタセンパラの3種だけは秋季が繁殖期となります。

春季に産卵する種類の受精卵は、貝の中でだいたい1～3日でふ化して、引き続いて仔魚が貝の中で成長を続け、早い種類で20日ほど、遅い種類でも1ヵ月ほどで貝から浮出します。秋季の種類の受精卵は、貝の中でだいたい1～2日でふ化しますが、仔魚は貝の中で越冬しながら4～6ヵ月かけて成長し、春季の種類よりやや早い時期の春先に貝から浮出します。これは、春季の仲間の仔魚が多くなる時期よりも浮出時期を少し早めにずらすことで、餌を巡る競合を避ける効果があるのかもしれません。

タナゴ類の仔魚は、貝体内で成長が進行すると体表に黒い色素が出現します。しかし、秋季産卵型の仔魚は、まだ黒色素胞が体表に現れていないふ化から数日の成長段階に、3～4ヵ月間ほど成長がほとんど停止します。この間、仔魚は貝から吐き出されないようにウジ虫のように体をくねらせて、貝の中に留まりながら越冬するのです。そして、残りの1ヵ月間で速やかに成長して、貝から浮出します。

秋季の仔魚の成長が遅いのは、水温の低下が原因と考えられていましたが、水温を上げても成長速度は変化しません。この成長の停止状態は、遺伝子に組み込まれたプログラムに制御されていると考えられます。

タナゴの仲間の "**特徴**とその**不思議**"

卵と仔魚の形

　卵や仔魚は貝の中で過ごすので、普通は見ることができません。そこでここでは、筆者が観察した完熟卵の形やふ化直後の仔魚の形を、「図1」に示してみました。

　コイ科魚類の多くの卵の形は球形をしていますが、タナゴ類のそれは種類によって、鶏卵型、洋ナシ形、長楕円型、紡錘型など様々です。このように科という分類単位内で種類によって卵が多様な形をしているのは、ハゼ科魚類など一部を除いては非常に珍しいことです。

　図を見てわかるように、卵の形は基本的に属内で類似していますが、種類ごとに微妙に変化しています。そして、タビラ3亜種間の違いや、日本と韓国のヤリタナゴのように同じ種類でありながら生息する地域間での違いなども認められます。

　次に、ふ化直後の仔魚の形を見てみましょう。タナゴ類は貝の中で充分に成長するために、この期間の仔魚は栄養となる卵黄を大量に持っています。そして、卵黄が入っている卵黄嚢の形は、同属内で類似しています。

　まず、バラタナゴ属の仔魚は、体の前方の卵黄嚢が上下に膨らんで、背側では一対の翼のような突起状になっているので、これを翼状突起と呼んでいます。

　アブラボテ属の仔魚は、体の前方の卵黄嚢が上下にやや膨らみますが、翼状突起のようには発達しません。

　タナゴ属の仔魚では、体の前方の卵黄嚢は上下にほとんど膨らまず、卵黄嚢全体の形が長楕円状になっています。

　このように、ふ化直後の仔魚の形は、分類の属という単位でよく類似しているので、属の分類をする際に使われます。しかし、仔魚が成長するにしたがって卵黄は消費されてしまうので、このような卵黄嚢の特徴も消失してしまいますから、この分類的形質はふ化直後から数十日までの仔魚にのみ有効となるのです。

仔魚の表皮上突起

　仔魚の表皮には無数の突起物が存在します。このような突起物は、タナゴ類以外のコイ科魚類には見られない特殊な構造です。この突起は、肉眼ではなかなか確認することが難しい0.005〜0.025mmほどの大きさです。

　アブラボテ属の仔魚では、将来は肛門になる部分と尾ビレになる部分を除く全身に円錐状の突起が、タナゴ属の仔魚ではほぼ全身に三角錐状の突起が存在します。そして翼状突起を持つバラタナゴ属では、顔部と翼状突起の表面にのみ半球状の突起が存在します(写真1)。

　このように、仔魚の表皮上突起の形は分類の属という単位でよく類似しているので、属の分類に使われます。表皮上突起や翼状突起は、仔魚が貝の中で動かない時期によく発達していて、動きが活発になると消失してしまうことから、いずれも仔魚が貝のエラに引っかかって吐き出されることを防ぐのに役立っていると考えられています。

　このような、卵や仔魚あるいは表皮上突起の形の変異は、託卵生態に関係して選択する貝の種類にそれぞれ適合するように変化した結果なのかもしれませんが、これを科学的に説明した研究はありません。

図1

タナゴの仲間のふ化直後仔魚の形

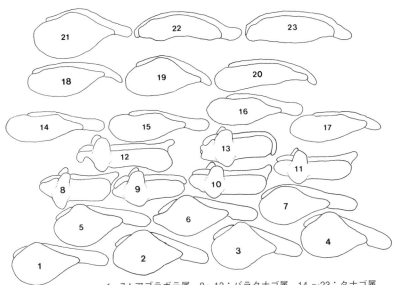

1〜7：アブラボテ属　8〜13：バラタナゴ属　14〜23：タナゴ属

タナゴの仲間の完熟卵

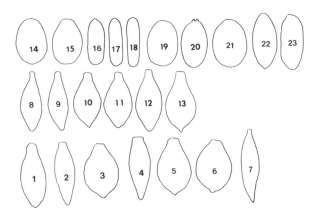

1：日本のヤリタナゴ　2：韓国のヤリタナゴ　3：アブラボテ　4：チョウセンアブラボテ　5：ミヤコタナゴ　6：チョウセンボテ　7：タイワンタナゴ　8：ニッポンバラタナゴ　9：タイリクバラタナゴ　10：カゼトゲタナゴ　11：スイゲンゼニタナゴ　12：ウエキゼニタナゴ　13：ニセヨーロッパタナゴ　14：シロヒレタビラ　15：アカヒレタビラ　16：セボシタビラ　17：タナゴ　18：イチモンジタナゴ　19：カネヒラ　20：チョウセントゲタナゴ　21：オオタナゴ　22：イタセンパラ　23：ゼニタナゴ

写真1・仔魚の翼条突起と表皮上突起

A.バラタナゴ属の翼状突起（y）

B.バラタナゴ属の半球形突起

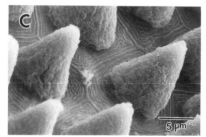

C.アブラボテ属の円錐形突起

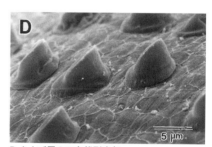

D.タナゴ属の三角錐形突起

咽頭歯

　コイ科魚類にはヒトの喉（咽喉）に相当する場所に歯があり、この歯は咽頭歯と呼ばれ、エラの奥にある骨についています。その咽頭歯が最も発達している魚はコイですが、コイは丈夫で大きい臼状の歯が並んでいて、巻き貝や二枚貝などの殻も砕いて食べてしまいます。咽頭歯は終生順番に生え変わるので、割れたり磨耗しても大丈夫です。タナゴの仲間の咽頭歯はコイのようには発達していませんが、一列5本の歯が並び、左右一対の咽頭歯が、上咽頭骨にある楕円状の板とかみ合う構造になっています。

　歯の表面と側面には、細かい切れ込みが存在します。この切れ込みは、稚魚の時代にはどの種類のタナゴ類にも認められますが、成魚になるとアブラボテ属やバラタナゴ属では発達が悪くなり、タナゴ属ではこれがよく発

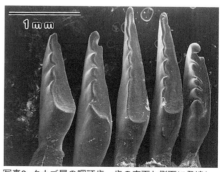

写真2・タナゴ属の咽頭歯。歯の表面と側面に発達した切れ込みがある

稚魚斑が残っているスイゲンゼニ
タナゴのオス。オスは、さらに成長
すると稚魚斑は薄くなる

達します（写真2）。

　タナゴ類の食性は総じて雑食性なので、咽
頭歯の形態の違いが食性の違いと相関すると
考えられますが、これについては検討が必要
でしょう。むしろ、植物を濾しとる役割をす
るエラの外側にある鰓耙（さいは）の数は、
プランクトンのような小さな植物を主食とす
る魚種、例えばゲンゴロウブナなどでは多く
なるとされているので、タナゴ類でも鰓耙の
数が食性と関係があるのかもしれません。

背ビレの稚魚斑

　鰭条の数が成魚と同じになった時期の稚魚
の背ビレに、黒い斑紋が出現する種類があり
ます。この斑紋を稚魚斑と呼びますが、タナ
ゴ属の一部の種類とバラタナゴ属に見られる
特徴です。

　稚魚斑は種類によって微妙に形が異なるの
で、これが発達している時期には種類を見分
けるのに役立ちます。よく分かっているもの
では、バラタナゴは三日月形で、カゼトゲタ
ナゴやスイゲンゼニタナゴは楕円形であると
いった具合です。

　しかし、すべての種類で稚魚斑の形が詳細
に調べられているわけではありません。稚魚
斑はその呼び名が示すように稚魚期にのみ出
現するもので、成魚へ移行するにしたがって
消失し、特にメスに比べてオスでは消失時期
が早い傾向があります。そして、稚魚斑は形
成過程あるいは消失の途上に形態が微妙に変
化し、その種類の特徴を明確に現している時
期も種類によって異なるので、種類の見分け
に用いるときには充分な注意が必要です。

　一般に、タナゴ類はどのような種類でも稚

稚魚斑が残っているタイリクバラタナゴの幼魚

魚期には群れを作ります。これは、外敵から
の捕食を逃れる手段として、魚類に共通する
ものです。そして、稚魚斑は種類による外部
形態の特徴が乏しい時期に、互いを認識する
目印に役立つと考えられています。

　タナゴ類では、バラタナゴ属に稚魚斑が発
達する特徴がありますが、バラタナゴ属はタ
ナゴの中では小型の種類が多く、成魚になっ
ても群れで行動することが多いようです。

染色体の特徴

　染色体が調べられている種類の中では、ア
ブラボテ属の仲間は全て24対48本で、タナゴ
属の仲間は全て22対44本です。バラタナゴ属
では多くの種類が24対48本ですが、アブラボ
テ属の染色体とは微妙に違っているようです。
また、カゼトゲタナゴとスイゲンゼニタナゴ
は23対46本で大型の染色体が少なく、バラタ
ナゴ属の中では染色体が特化していると考え
られています。

世界のタナゴの分布について

文／赤井 裕

タナゴ類は、東アジアを中心に、約40種が生息している。すでに絶滅したと考えられる種もあり、もっとも多くの種数が分布する中国、韓国、日本などでは、いずれも環境悪化などによって減少している。現在わかっているできる限りの情報をもとに、世界のタナゴ類について解説してみよう。

海外のタナゴと日本のタナゴとの関係は？

日本のタナゴ類の中で、ヤリタナゴ、カネヒラ、スイゲンゼニタナゴ、バラタナゴは、同種または極めて近縁な亜種などが朝鮮半島や中国大陸にまで分布すると考えられている。

一方、明らかに日本固有種と考えられているのは、ミヤコタナゴ、ゼニタナゴ、イタセンパラ、タナゴ、イチモンジタナゴ、タビラ（の3亜種）である。またアブラボテ、カゼトゲタナゴは、別種とされる類似種が国内・国外に存在するので、これらの詳細な類縁関係は、まだ未知の部分が多いタナゴである。

さて、全体に日本のタナゴ類の中には分布域の狭い種が多いが、これは中国大陸でも同様だ。たとえば、*Acheilognathus elongatus*

やA.brevicauatusは、雲南省のそれぞれひとつの湖だけに固有な種である。

スイゲンゼニタナゴ、カゼトゲタナゴは、お互いに近縁と考えられてきたが、最近になって、似た特徴のタナゴ類が、朝鮮半島だけではなく、中国の広い範囲に点々と分布していることが明らかになり、分類を含めた再検討が始まっている。

またカネヒラも、朝鮮半島から日本の濃尾平野まで比較的連続的に分布しているほか、中国南部の上海市や浙江省などに見られる緑系統のトンキントゲタナゴと呼ばれるタナゴ類の仲間に、カネヒラと区別が困難なものが含まれており、将来細かな調査や比較研究が進むことが期待される。

このように、一部のタナゴ類ではまだまだ分類や分布の解明が終了しておらず、この解明がなされれば、遥か昔に日本がアジア大陸と陸続きだった時代の、アジア大陸と日本の生物の関係を明らかにできるものの、研究対象のひとつとしても注目されている。

世界のタナゴあれこれ

(1)ヨーロッパに広がったタナゴ類

バラタナゴ属のヨーロッパタナゴは、種全体としては、シベリアの激寒地域を除いて、朝鮮半島北東部、中国東北部、ロシア沿海州地方などから、ヨーロッパ東部にまで広く分布している（最近、韓国北部に産する朝鮮半島産のものは、ニセヨーロッパタナゴとして、別種として区別し新種記載された）。

アジアとヨーロッパの淡水魚類の共通点はあまり多くなく、ヨーロッパでも生息が知ら

れているシマドジョウ類やカマツカ類などは、アジア産の種とは別種となっており類縁関係が遠いことから、分布を広げたものというより、長い間隔離されながら姿を変えていないものとみられる。

また、インドの北には中国のチベット高原から続くヒマラヤ山脈があって、アジアからヨーロッパに「南周り」で分布拡大したと考えられている淡水魚は、ほとんどいない。かなり近縁、あるいは同じものがアジア、ヨーロッパの両サイドに分布する例は、温水性魚類では、ヨーロッパブナやコイの例があげられている程度だ。

一方、北方系の魚類では、たとえばイバラトミヨ（トゲウオ科）、ノーザンパイク（エソックス科）、ヒメハヤ（＝ミノウ／コイ科）のように、淡水魚の中にも、ヨーロッパ、ロシア、カナダなど世界の北部亜寒帯に幅広く分布する淡水魚がある。タナゴ類の場合は、東アジア地域で繁栄した仲間であるため、ヨーロッパタナゴは、これらと同様「北回り」で極東側から二次的にヨーロッパに渡った種と考えられる。

非常に似た例としては、アブラハヤの仲間のヤチウグイ（コイ科）が、北海道、朝鮮半島から、ヨーロッパ東部にかけて広く分布している例があり、ヨーロッパタナゴ同様、現世になってから分布拡大したものではないかと考えられる。

ヨーロッパタナゴは、ヨーロッパの東部からロシア西部に分布する*R.s.amarus*と、ロシア極東から中国北部に分布する*R.s.sericeus*の2亜種に分けられている。写真は*R.s.amarus*

(2) 海外のタナゴ類の産卵季節

海外のタナゴ類は産卵生態が不明なものが多い。しかし、秋産卵型とはっきり報告されたものは、カネヒラを除いては知られていない。秋産卵型の日本のカネヒラも、初夏に成熟する個体が多くあるし、またタイリクバラタナゴ、ニッポンバラタナゴ、ミヤコタナゴなど、温度条件を中心に成熟関連ホルモンが制御される傾向の強い種は、春産卵型と言われていても、盛夏期を除き、秋まで産卵を続けるものもある。産卵期をめぐる進化の謎は、まだ完全には解けていないのである。

(3) 世界中のタナゴと地域変異

多くのタナゴ類に、形態的な地方変異が見られる。これは、タナゴ類があまり移動しない性質のためと考えられる。

たとえばタイリクバラタナゴには、地域的にたいへん大きな変異がある。中国国内の中でも、日本ではニッポンバラタナゴとの区別点とされる腹ビレの白線が薄く、肉眼ではほとんど見えない個体が、浙江省や台湾、朝鮮半島などで見られることがある。

また体高も、非常に高いものからニッポンバラタナゴよりも低いものまである。揚子江水系では、安徽省産のタイリクバラタナゴは背ビレ、しりビレの分岐軟条数がいずれも13本もある個体が普通なのに、四川省では、背ビレ、しりビレともに9分岐軟条の個体が多くいるなど、同一水系でも異なった形態的変異がある。

海外に分布しているタナゴの学名

タナゴ類には、種の実態がわかっていないものも数多くいる。
また分布の範囲が明らかになっている種は少ないため、
この表では、主に新種記載の頃の論文上の産地を中心に明記することにする

(1)アブラボテ属(*Tanakia*)

学名	通称名	分布域	全長
T. lanceolata (Temmink et Schlegel, 1846)	ヤリタナゴ	青森県以南、四国、九州、朝鮮半島、中国遼寧省東部鴨緑江水系	12cm
T. signifer (Berg, 1907)	チョウセンボテ ※注1	朝鮮半島	10cm
T. himantegus (Gunther, 1868)	タイワンタナゴ	台湾	6cm
T. chii (Miao, 1934)	タイワンタナゴ (大陸型)※注2	福建省、上海市など	7cm

(2)バラタナゴ属(*Rhodeus*)

学名	通称名	分布域	全長
R. sericeus sericeus (Pallas, 1776)	ヨーロッパタナゴ (極東ロシア・中国産)※注3	アムール川(黒龍江)水系、ロシア沿海州地方、サハリンの一部など	9cm
R. sericeus amarus (Bloch, 1782)	ヨーロッパタナゴ (ヨーロッパ産)	ドイツ東部以東のヨーロッパ大陸北東部からロシア西部	8cm
R. ocellatus ocellatus (Kner, 1867)	タイリクバラタナゴ	ベトナム北部から中国南東部、北東部、台湾、朝鮮半島など	8cm
R. sinensis Gunther, 1868	ウエキゼニタナゴ	中国福建省以北黒竜江省までの広範囲と、朝鮮半島※注4	6cm
R. spinalis Oshima, 1926	カガミバラタナゴ	中国海南島※注5	7cm

※注1／1990年代以降、韓国から2種の新種記載がされ、この他に今までは日本のアブラボテと同種とされていた*T.koreensis*がいる。
※注2／多くの文献や図鑑では*T. himantegus*と同一種として区別されていない。
※注3／従来ヨーロッパタナゴに含めて考えられてきた朝鮮半島東部に分布するものが、最近別種*R.pseudsericeus*ニセヨーロッパタナゴとして新種記載された。
※注4／朝鮮半島産は別種*R. uyekii*とされていたが近年分類が再検討され整理された。
※注5／カガミバラタナゴとされていたが、本種の和名はトゲバラタナゴに変更され、新たに中国海南島には*R.haradai*が新種登録されて、この種にカガミバラタナゴの和名が付けられた。両種とも分布は中国海南島。中国福建省にも類似のものが分布しているが、同一種かどうかは整理されていない。
※注6／*Acheilognathus tabira*(=タビラ類)に似ている。中国には日本のタビラ類と同じ種が分布するとされてきたが、本種の他にタビラ類が分布するかどうかは詳細な調査が必要であろう。

世界のタナゴの**分布**について

（3）タナゴ属（*Acheilognathus*）

学名	通称名	分布域	全長
A. rhombeus (Temminck et Schlegel, 1846)	カネヒラ	濃尾平野以西、四国、九州、朝鮮半島。中国上海市や浙江省にも類似のものがおり分類上未整理	15cm
A. barbatulus Gunther, 1873		上海市、浙江省など中国南部	8cm
A. barbatus Nichols, 1926		安徽省など中国の揚子江水系	7cm
A. chankaensis Dybowsky, 1872		アムール川水系以南、揚子江流域など中国南部まで	10cm
A. deignani (Smith, 1945)		ラオスなどメコン川中・上流域	7cm
A. elongatus Regan, 1908		中国雲南省の一部の湖沼。近年確認されない	10cm
A. elongatus brevicaudatus Chen et Li, 1987		中国雲南省の一部の湖沼。近年確認されない	8cm
A. gracilis Nichols, 1926		中国南部のTungting湖	8cm
A. gracilis luchowensis Wu, 1930		中国南部のLuchow	8cm
A. hypselonotus (Bleeker, 1871)		中国揚子江水系の止水湖沼	7cm
A. imberbis Gunther, 1868		中国揚子江水系の止水湖沼	7cm
A. lanchiensis (Herre et Lin, 1936)		中国浙江省、福建省	9cm
Acheilognathus macromandibularis Doi, Arai, andLiu, 1999		中国安徽省 ※注6	5cm
A. macropterus (Bleeker, 1871)	オオタナゴ	ロシア沿海州地方、アムール川(黒竜江)水系から、中国の東部地域全域、ベトナム北部まで	18~20cm
A. omeiensis (Smith et Tchang, 1934)		中国揚子江水系の四川省中西部	8cm
A. polylepis (Woo, 1964)		中国湖南省、浙江省	11cm
A. taenianalis (Gunther, 1873)		上海以南の中国南部	12cm
A. tonkinensis (Vailant, 1892)	チョウセンイチモンジタナゴ	ベトナム北部から中国浙江省の銭塘江水系	10cm
A. yamatsutae Mori, 1928		朝鮮半島と中国遼寧省東部鴨緑江水系	12cm

二枚貝とは何か？

文／増田　修

概　論

　二枚貝は、世界で約20000種、日本では1600種ほどが知られ、ほとんどが海産種である。巻貝のように陸上生活をしたり、一生を浮遊生活する種類はない。一般的な形態として、左右二枚の殻で柔らかい体（軟体）を被い、巻貝のような頭は無い。殻の開閉を行なうための前後に2本ないし1本の閉殻筋（貝柱）と、斧足と呼ばれる足筋を持っている。エラは薄い弁鰓を左右に2対ないし1対を有し、呼吸のための水と同時に、餌となる植物プランクトンや懸濁している有機物などを取り込む。そして、餌をろ過して濾しとる食性なので、水槽という限られた広さの環境では、適切なサイズで栄養のある餌の入手や、水質の維持が難しく、成長させるのは困難である。

　純淡水棲種では、世界中に分布するドブガイ類やイシガイ類を含むイシガイ科が主要なグループであり、北米のみでも300種あまりが分布する。

　この他に、カワシンジュガイ科やシジミ科、マメシジミ科、カワガキ科、カワホトギスガイ科などがある。大きな湖沼で分化した種以外には、海産種のように卵を体外に産出したり、浮遊幼生期を有する種は多くない。

　また、純淡水棲種の大半はシジミのように稚貝で生まれるが、イシガイ科やカワシンジュガイ科では、魚に寄生して過ごすという、一風変わった成育方法が特徴である。多くの二枚貝では、幼生期は浮遊生活をしながら植物プランクトンを餌に成育するが、イシガイ科やカワシンジュガイ科のこの繁殖戦略は、海へ流されないためと考えられる。

　コイ科のタナゴ類やヒガイ類の産卵基盤となるイシガイ科やカワシンジュガイ科の二枚貝類は、彼らにとって必要不可欠な存在であることはよく知られている。タナゴの種類と卵を産み付ける貝の種類は概ね決まっているようだが、「所変われば品変わる」のごとく、川ごとで双方の種構成が異なれば、組み合わせが変わることも少なくなく、産卵する種や大きさは一概に決めつけられない。

繁殖生態の特徴

　カワシンジュガイやイシガイ類に共通の大きな特徴として、メスのエラ（鰓葉内）が育児嚢となり、任卵期のメスは水中に放出された精子珠（精子の小さな塊）を取り入れ受精させ、グロキディウムという幼生を保育することがあげられる。成長し排出された幼生は、魚のエラやヒレに付着し、寄生生活を行なわなければ生育できないという特殊な時期がある。幼生の形態や産出時期、寄主の相違などは、これら二枚貝を研究する上での大きな分類形質となっている。

　一方、魚類のタナゴやヒガイ類は、イシガイ類を産卵基盤として利用するため、それらの貝類は彼らの生活史上、必要不可欠な存在である。タナゴ類はエラ（鰓弁）内に、ヒガ

イ類は外套腔に卵を産みつける（詳しくはタナゴの解説を参照）。

　その昔、グロキディウムがタナゴに寄生し、タナゴがイシガイ類に卵を産みつけるという共生関係がうたわれていたが、イシガイ類はタナゴに寄生してもほとんど変態できないことがわかった。自然界ではヨシノボリやカマツカなどのタナゴ以外の魚を利用しているので、タナゴの存在は必要ないようだ。

　したがって、タナゴやヒガイが生息していれば、その周辺にイシガイ類が棲んでいるが、イシガイ類が見つかるからといってタナゴ類が生息しているとは限らないのである。

　これはあくまでも水槽内での話だが、タナゴは産卵可能な種類の二枚貝に対してであれば、どの貝にでも産み付けるというわけではない。例えば、妊卵・保育期にあるメスの二枚貝は、タナゴ自体が避けているようである。さらに自然界でも、たくさんの二枚貝がいるにもかかわらず、オスのタナゴは限られた個体の二枚貝をキープしようと必死になっている姿が見られる。もちろん二枚貝の種類やサイズなども関係しているのだろうが、メスが妊卵貝に産み付けてもおそらくエラの中に入り込めないと思えるので、自然界でも同様の行動をとっているのかもしれない。

　仮に水槽内に、保育期のメスの二枚貝を入れていようものなら、放出されたグロキディウムがタナゴに寄生してしまうのが落ちである。そのため、水槽内繁殖を試みる場合は、可能な限りオスや非任卵期二枚貝を選ぶようにおすすめしたいが、殻を開けて中を覗いてみるなどをしないと、貝の雌雄判別は極めて困難なのである。

二枚貝に産卵中のカワヒガイのメス。後ろの個体はオス

二枚貝とは何か？

グロキディウム

　多くの海産二枚貝類は、いくつかの浮遊幼生期を経て稚貝となり、底生生活を送るようになる。汽水に棲むヤマトシジミや琵琶湖産のセタシジミも短い浮遊期があるが、純淡水棲のマシジミ類では母貝のエラ内で発生を終え、仔貝になってから産み出される。

　カワシンジュガイ類やイシガイ類では、オスが水中に放出した精子（精子球）をメスが入水孔を通して取り入れ、エラの中に送り込んだ自らの卵と受精させる。受精卵はエラ内で発育し、グロキディウムという特殊な幼生期になって産み出され、魚に寄生する。

　幼生の大きさは数10ミクロン〜数100ミクロンで、外観は亜三角形、楕円形、亜円形などがあり、外国産では方形のものもある。腹縁に鉤状突起を有する型は、魚のヒレ縁や口内、エラに付着し、鉤突起のない型は主にエラに寄生する。

　カワシンジュガイは寄生する間に成長するが、イシガイ類の多くはほとんど成長せず外観を変化させない。その代わり、閉殻筋や幼

ドブガイから離脱直前のグロキディウム

生糸（懸垂糸）、感覚毛程度しか有しない単純構造であった軟体構造は、寄生している間にエラや内臓、両閉殻筋、足筋などを形成し、底生生活できるよう内部器官を変化させていく。

　変態完了後は魚体から脱落し、幼生殻の内側から後の貝殻となる胎殻が伸長し、底生生活に移行していく。

幼貝たち

　成貝は黒色や黒褐色の濃い色合いをしているが、幼貝は黄色っぽい色調の場合がほとんどである。小さな内はどの種類か見分けがつきにくいものもあれば、幼貝の方が特徴をよく表すこともある。

　例えば、親貝の外観が似ているマツカサガイとニセマツカサガイは、幼貝もそっくりなので、親以上に見分けがつきにくい。一方、カラスガイとイケチョウガイ、ドブガイといった大型の貝は、一般世間では、カラスガイとして済まされがちなほど似ている。しかし、カラスガイの幼貝には大きな翼状突起があり、イケチョウガイも同様に有するものの、殻幅や殻質、翼状突起の外縁のくびれ方などの違いがある。ドブガイの幼貝では後背部に大きな翼状突起はないが、殻幅が極めて薄いなど幼貝では相当に形が異なっているのがよく分かる。

底床に潜る深さ

　ほとんどの種類は、殻の後端部が底床ぎりぎりになるように潜り込み、短い入水孔と出水孔を底床面すれすれに開口しているのみで、貝殻は見えない場合が多い。水面から見るとネコの目のように泥の表面にぽっかり開いて

いる。底床に開いた出・入水孔は俗に「貝の目」と呼ばれており、イシガイやマツカサガイなどの小型種の「目」は小さく、慣れないと水面上からは見つけにくい。

翼状突起を持つイケチョウガイの若貝

イケチョウガイの成貝。成貝になると翼状突起はなくなり、姿は一変する

カワシンジュガイは、殻の半分から1/3ほどを底床から出して生活していることが多い。イシガイ類のような孔状の出・入水孔でなく、入水孔に匹敵する殻の後腹側を漠然と開殻している。おそらく餌の少ない清冽な水環境に生息するために、可能な限り多くの餌を摂取しようとするための戦略かもしれない。

カラスガイも殻の半分近くを出していることも多いが、産地や個体によって潜る程度はまちまちである。

二枚貝の現状と今後

二枚貝類は、魚と違って際立った色や形でなく、普段は底床に潜り込んでいるので存在感もない。また、種類は多くても単にカラスガイとして済まされがちな生き物であるなど、世間の認識の程度は低いのが現状である。

ここ数十年、日本各地で河川や水路の改修や汚染によって、生息状況がきわめて悪化していることは魚たちと同様である。加えて、グロキディウムの寄主となるヨシノボリ類などの小魚が、ブラックバスなどによる捕食で激減し、世代交代が阻害されている。

このように、存在感の低さや移動力の無さ、生活史の特性、成長の遅さなどから、その存続が日本全土で危ぶまれ、環境省は無論、各都道府県などで刊行されるレッドデータブックでは、絶滅に瀕する危険度が常に上位にランクされるのが現状である。

一方で、例えば、元の生息水系と同じ水脈を使って新たな生息環境を造成し、そこへ底床の砂泥と共に移植するなど、開発行為に対して生物の保全と開発を両立させるという試みが検討されはじめている。よい結果が出るかどうかは、長期のメンテナンスと継続調査が必要であるが、場所によっては好成績をあげている事例もある。

二枚貝の生息地では今後も開発が行なわれていくことは免れないが、改修や造成にあたっては、可能な限り人と自然が両立した環境の造成を進めることが必要不可欠である。そのためにも、全国のアクアリストは現状をふまえ、普段の飼育繁殖や採集などの経験をおおいに反映させた生息地の保全や保護に、積極的に参加して頂きたいと願う次第である。

網や仕掛けによる
タナゴ採集

文／赤井　裕

れて初めて、貴重な生息地の環境の大切さを理解することができるとも言えるのである。

　なお、各都道府県などで、レッドデータブックが発行されるようになり（158ページ参照）、地域の貴重な野生生物の情報が公開されている。そのため、採集する前には、目的とするタナゴ類がその地域で絶滅のおそれのある種のリストに入っていないかを確かめておくことが必要で、保護すべき貴重な地域には、立ち入らないようにする。

［ 野外に出ることは
守ることへの入り口 ］

　タナゴ類をどのようにして手に入れるのか、その方法のひとつとして、野外での採集があげられる。タナゴ類に限らず、生物が自然界でどのような環境に暮らしているかを知ることができれば、無駄に生き物を殺さず、また飼育しているものを上手に飼育・繁殖させていくヒントにもつながっていく。よく、「採集」ということ自体を、マニアの犯罪のように報道されることがある。しかし、実際に生息地に訪

［ 各種採集方法 ］

①網を使った採集

　タナゴ類は、各種ごとに好みの環境が異なり、流水を好むものから、止水域にしかいないものなど、生息地は非常に様々だが、行動習性には共通点がある。網採集の際には、タナゴ類ならではの習性をよく知っておくことが、特に大切である。

　まず知っておくべきことは、タナゴ類は、いずれも物陰に隠れる習性が強い、ということだ。池や川で、橋などの構造物や植物群落など、特に水面から見て平面な物陰ができているところが、通常、タナゴ類の寄りつき場となっている場合が多い。空からカワセミなどの鳥に獲物として狙われてしまうことを考えれば当然とも言えるが、陽当たりの良い場所で餌をあさっているタナゴ類を見かけたとしても、必ず近くにさっと逃げ込める物陰があるということが、タナゴ類の生息場の共通点となっている。

網による採集は、2人で挟みうちにすると効率がよい

稚魚を掬うには、観賞魚用の目の細かい網が適している

　またもうひとつは、人影のように陸上から急に日陰が水面を覆って動くことに対し、大変敏感なことである。陽当たりを背にして川の中をのぞき込んだりすると、その時点で、人のいる場所から遠くに逃げ去ってしまう。

　そこで、物陰のある場所にそっと近づき、まず一人が片方に大型の網を構える。そして反対側から、網を持ったもう一人が、大型の網の方向に歩いて追い込むようにする。

②稚魚採集

　湖沼の静かな湖岸などで、二枚貝が生息する斜面状の砂礫底がありタナゴ類が産卵に利用する場所では、その付近の湖岸の水面に、黒い針状に見えるタナゴ類の稚魚（正確には、ヒレなどが完成しておらずまだ後期仔魚という時期）が水面のすぐ下であまり動かずに集まっていることがある。そのような稚魚は、目の細かい網で集めて、プラケースなどで水ごと掬うとよい。

　小さいうちから人工飼育環境に慣らして育成したタナゴ類は、いきなり野生から採集した成魚に比べて飼いやすく、また種によっては稚魚までの時期に集めた方が能率よく採集

できる場合があるので、一部の愛好家の間では、この稚魚採集がよく行なわれる。

③仕掛け網などによる採集

　おとりとなる餌団子を入れて待つ仕掛けも、タナゴ類採集には良く用いられる。大きく分けると、プレスチック製のビンドウ（セルビン）と、小型の網カゴ状のものとがある。あらかじめタナゴ類が多数生息していることがわかっている場所では網カゴ状のものも使えるが、あまり魚影が濃くない場所でも、1時間前後の長時間をかけて確実に採るには、ビンドウが適している。

　仕掛けでタナゴ類を採集するには、日陰や日陰に半分隠れた状態にしたりと、仕掛ける場所も重要である。また、水底から浮かび上がらないようにオモリを付けて固定する、流水の場合には魚の入り口の側を下流向きに向ける、ビンドウの場合には光を反射すると魚がいやがるので内部の気泡が残らないようにする、などの注意点もある。いきなり成功しようとするより、何度も経験を重ねて、フィールドの勘を自分の中に育てる気持ちが大事だ。

タナゴ概論
ミクロでディープなこだわりの釣り
タナゴ釣り
を楽しもう

文／月刊アクアライフ編集部
イラスト／いずもり・よう

市販のものに手を加えたりして楽しんでいる釣り人も多い。そのぶん手間はかかるが、だからこそ追求のしがいがあり、タナゴ釣りの奥深さにつながっているのである。

タナゴ釣りの魅力

　タナゴ釣りは、オイカワやフナなど、他の多くのコイ科魚類の釣りと同様、日本では特に親しまれている釣りである。その特徴としては、体や口のサイズが小さいタナゴ類を釣るために、いかに小さく繊細な仕掛けを作るか、を目標に発達してきたことがあげられる。実際、イトウキや針、竿などは、自作したり、

タナゴ釣りに適している時期

　タナゴ釣りに適しているのは、活動の活発な春から秋にかけてである。この時期であれば、餌喰いもよいため、タナゴ類の居場所さえつかめば、比較的簡単に釣ることができるし、オスの美しい婚姻色も楽しめることだろう。

　一方、冬期に行なうタナゴ釣りもまた有名で、そもそも関東では、タナゴ釣りと言えば冬に楽しめる釣りとして知られてきた。厳寒期に、越冬のため船溜まりに集まってくるタナゴ類を狙う、いわゆる「オカメ（タイリクバラタナゴ）釣り」である。厳寒期のタナゴ釣りは、魚の活性が低いため餌に対する喰い付きが悪く、その上、船溜まりで釣れるのは小さい個体が多いため、口に針掛かりさせるのが難しい。しかし、群れで越冬しているため、生息ポイントさえつかめば、1日に多数を釣り上げることもできる。タナゴ釣り用の繊細な仕掛けとテクニックは、そのような厳寒期のオカメ釣りに対応できるように、発達してきたものである。

フィールドに出掛け、タナゴ類の生息環境を知ることは、飼育する上でも非常に役立つ

タナゴ釣りの基本的な仕掛け

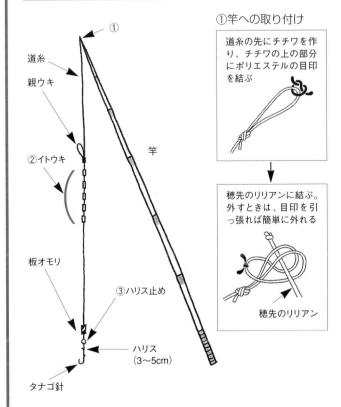

- ①
- 道糸
- 親ウキ
- ②イトウキ
- 竿
- 板オモリ
- ③ハリス止め
- ハリス（3〜5cm）
- タナゴ針

①竿への取り付け

道糸の先にチチワを作り、チチワの上の部分にポリエステルの目印を結ぶ

穂先のリリアンに結ぶ。外すときは、目印を引っ張れば簡単に外れる

穂先のリリアン

②イトウキの取り付け

イトウキの穴に道糸を通し、3日間ほど水に浸けると、ある程度固定される

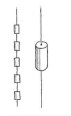

③ハリス止めの結び方（ダブルクリンチノット）

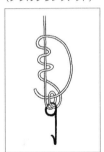

チチワの結び方

①糸を二重にして輪を作る

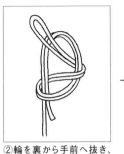

②輪を裏から手前へ抜き、再び裏へ通し、手前へ抜く

③上下にゆっくりと引っ張って締める。ハリス止めには、この輪を引っかける

タナゴ釣りを楽しもう

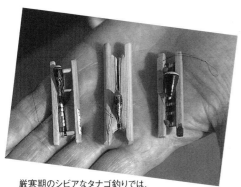

厳寒期のシビアなタナゴ釣りでは、
繊細で感度のよい仕掛けを使うことが大前提となる

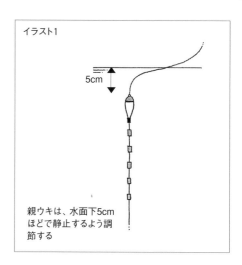

> イラスト1
>
> 5cm
>
> 親ウキは、水面下5cm
> ほどで静止するよう調
> 節する

タナゴ釣りの基本的な仕掛け

タナゴ釣りに必要な道具についてはカラーページでも紹介したが、特に重要なポイントについて、改めて説明しよう。

竿

竿は、カーボン製やグラスファイバー製、または竹製の和竿などがある。タナゴ類は、一般に安価で流通している渓流竿でも十分釣れるが、"タナゴ釣りの世界"の本当の奥深さ、魅力を味わうのであれば、ぜひ和竿を使用したいところである。いずれにしても、軽くて、アタリに対する感度がよく、自分の手にしっくりと合ったものを選ぶようにする。

竿の長さは、足下付近がポイントとなる船溜まりでは1.0〜1.8m、用水路や川などでは1.8〜2.7mほどのものがあれば、たいていのケースに対応できる。

また、タナゴ釣りの中では特殊な部類に入るが、広大な河川や湖で、寒い時期に、岸から沖合にいるタナゴ類を釣ったり、舟の上から深場に潜むタナゴ類を釣るときには、長さ3.6〜4.5m程度の長めの渓流竿が使用される。

同じ釣り場でもタナゴ類が時間帯によって移動したり、タナゴ類の潜んでいるポイントが、釣行前の予想とズレていることもあるので、長さの異なる竿を2〜3本持っていくと安心だ。

親ウキ

タナゴ釣りには、市販されているものの中でも、特に小型で細身の、感度の良いものを選ぶ。親ウキは、比重をゼロに近づけると、ウキの浮力による抵抗が減り、魚のアタリがよりわかりやすくなる。そこで、親ウキは水面下5cm程度の位置で止まるように、板オモリで調節するとよい（イラスト1）。

しかし、活性が高くアタリが強いときや、親ウキが水面下にあるのでは見にくいという人は、多少感度は悪くなるが、水面上に浮かせてもかまわない。

イトウキ

イトウキは、親ウキにまで届かない繊細なアタリを伝えてくれるもので（イラスト2）、これがあるのとないのとでは、アワセやす

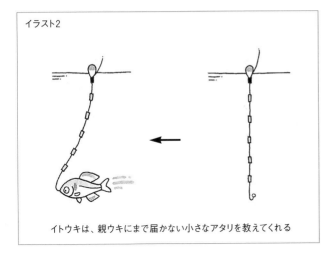

イトウキは、親ウキにまで届かない小さなアタリを教えてくれる

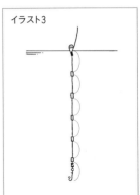

イラスト3

イトウキは、親ウキから針までの間に等間隔に配置すると、針の位置を把握しやすい

に格段の違いが出る。また、親ウキから針までの間に等間隔に配置すると、針の位置を把握しやすく便利である（イラスト3）。ただし、船溜まりなど水の透明度が悪いポイントでは、イトウキを下の方に下げると見えなくなるため、そのようなポイントでは水面近くにセットするとよい。

また、タナゴ類に限らずコイ科魚類では、ウキを餌だと勘違いし、喰い付いてくることがある。タナゴ類も、イトウキに反応し近寄ってくることから、タナゴ類をおびき寄せるオトリとしての役割も果たしているようだ。

▌針

春から秋の、活性が高い時期でのタナゴ釣りでは、一般の釣具店で市販されているタナゴ針でも十分釣れる。しかし、厳寒期のオカメ釣りのようにシビアな状況では、わずかなアタリでも針掛かりしてくれる、タナゴ専用の研ぎ針がよい。

また、タナゴ類の口先をなるべく傷つけないよう、針のカエシは、先の細いペンチでつぶすか、釣り針研磨用のヤスリで削っておくなどの処置をしておきたい（イラスト4）。

針各部の名称

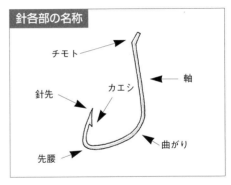

チモト　軸　針先　カエシ　先腰　曲がり

タナゴの口にダメージを与えないための工夫

イラスト4

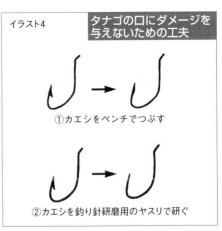

①カエシをペンチでつぶす

②カエシを釣り針研磨用のヤスリで研ぐ

タナゴ釣りを楽しもう

▌餌

　タナゴ釣り用の餌として主に使われるのは黄身練りやアカムシで、その他フナ釣り用のグルテン、ミミズなどでも釣れる。

　黄身練りは、サイズを小さく調節できるた

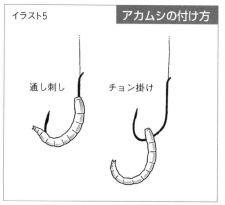

イラスト5　アカムシの付け方

通し刺し　　チョン掛け

イラスト6

タナ

め、厳寒期の釣りや小型の個体を釣るときにも使えるオールマイティーな餌だが、アカムシはサイズが大きいため、活性が高く喰い付きがいい時期や、ある程度口のサイズが大きい個体を釣る場合に使うとよい。アカムシを針に付ける場合は、チョン掛けでなく、通し刺しにすると針掛かりがよい（イラスト5）。またミミズを餌にする場合も、細かくちぎって通し刺しにする。

　その他、タマムシ（イラ蛾の幼虫）もタナゴ釣り用の餌としてよく知られているが、現在では入手が難しく、使用しているのは一部の愛好家に限られている。

　釣り餌は、どの釣り場に行くにしても、2種類は用意しておきたい。これは、同じ場所で同じ餌で釣りを続けていると、次第にタナゴ類がスレてきたり、また、その日によって、タナゴ類がどの餌に高い反応を示すかがわからないからである。

　タナ（餌を沈める深さ／イラスト6）は、季節や日時などによっても違いがあるため、アタリがあるまで、親ウキを上下させて探るようにする。基本的には、タナゴ類は水底付近を好むため、水底から数～10cm程度を狙うことが多い。

┃ポイントの見極め

　タナゴ類は、岩場やアシの茂み、舟の下などの物陰、岸際や水底がえぐれた部分など、物陰や水中に変化がある場所を好む。また繁殖期には、特に物陰などがなくとも、産卵床となる二枚貝が生息している場所に集まっていることもある。釣りを開始する前に、まず、そのようなポイントを見定めておこう。

写真のポイントでは、アシやガマなどの水生植物の際に、シロヒレタビラが潜んでいた

また、船溜まりや川などでは、その場所でタナゴ類を釣っている人がいたとしても、その周辺一帯のどこでも釣れる、というわけではない。たとえばひとつの船溜まりの中でも、タナゴ類がいる場所は、舟の陰となる部分など一部に限られているのだ。

タナゴ類は、その場所にいさえすれば、釣りを開始して数分以内には釣れてくるものである。そのため、1ヵ所のポイントで、色々なタナを探ってみたもののアタリがないという場合は、その場所にはタナゴ類がいない可能性が高いため、別のポイントへ移るようにする。ただし早朝には、まだ活動が活発になっておらず、餌への反応が鈍いこともあるので、陽が昇り、気温・水温が多少上昇し始めるまで続けてみてもよい。

状況に応じた釣り方

①水の流れの速い場所での釣り

タナゴ釣りの仕掛けは軽いものが使用されるので、水流が速いと流されてしまう。そこで、そのようなポイントでは、板オモリよりも重く、丸い形状のため水に流されにくいガン玉オモリを使った「ダウンショット・リグ」という仕掛けが適している（イラスト7）。水底にガン玉オモリを転がし、その上に餌を漂

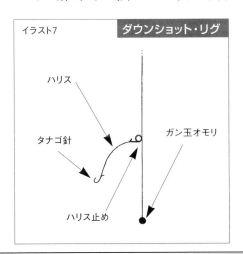

イラスト7　**ダウンショット・リグ**

ハリス

タナゴ針

ガン玉オモリ

ハリス止め

タナゴ釣りを楽しもう

わせて喰わせるというものである。

餌は1ヵ所にとどまらせるよりも、流れに乗せてゆっくりと流した方が魚の喰い付きがよいので、ガン玉オモリのサイズは、水底をコロコロとゆっくり転がっていく程度のものを選ぶ。

道糸にイトウキを付け、その動きを見てアワセてもよいが、道糸を張っていれば、魚が餌をくわえたときに竿にプルプルと振動がくるので、それを合図にアワセるとよい。

②透明度の高い場所での釣り

水の透明度が高いポイントでは、タナゴ類が餌をくわえるのを確認してからアワセるという方法もある。その場合の餌は、水中でもよく目立つ黄身練りがよい。黄身練りは、魚がくわえると消えるので、それがアワセの合図となる。

しかし、水温が低くタナゴ類の活性が低いときは、餌を一気に飲み込むことが少ないため、餌が消えた瞬間にアワセると吐き出してしまうこともある。そこで、そのような場合には、餌が消えてから1～2秒ほど待ってから、そっとアワセるとよい。

最後に

タナゴ類は、釣りから飼育まで、そのすべてが魅力に溢れた魚である。タナゴ愛好家の中には、日本各地へタナゴ釣りに出かけ、それぞれのタナゴ釣りと、持ち帰ってのコレクション飼育を楽しんでいる人もいるほどだ。タナゴ類という魚を、より深く知り、楽しみたいのであれば、飼育だけでなく、ぜひタナゴ釣りの奥深い世界も、味わってみていただきたい。

タナゴ採集時の心構え

タナゴ類に限らず魚の採集では、各都道府県ごとに設けられた漁業調整規約の他、各地域によっても、採集方法について規則が決められていることがる。規則内容はそれぞれ違うが、ビンづけ（ビンドウやフィッシュキラーなどでの採集）や投網などを禁止していたり、使用できる網のサイズに制限を設けていたりするものだ。そのため採集に向かう前には、後々トラブルにならないためにも、採集場所の規則を調べておく必要がある。

また、それらの規則を守ること同様、あるいはそれ以上に大切なことは、ゴミを捨てない、許可なく私有地に立ち入らない、大きな音を出さない、乱獲をしない、など最低限のモラル

を守るということだ。

特にタナゴ類は、住宅地内を流れる用水路に生息していることが多く、そのような場所では、湖などでの採集と比べると、地元住民とトラブルになる確率は高いと言えるだろう。

また採集をしていると、その地域の住民に声をかけられることも多いが、そのようなときには、自分がどこから来て何を採っているのか、採集した魚はどうするのか、などの目的をはっきりと伝えるようにしたい。自分の行動を理解してもらえるだけでなく、場合によっては、とっておきの地元の情報を教えてもらえることもあるのだ。

ポイント別の仕掛け

カラー55〜58ページでは、計5つのポイントを紹介しているが、そのポイントで実際に使用していた仕掛けについて、イラストとともに要点を紹介しよう

※特に記入のないものはポイント①と共通

ポイント①
厳寒期の船溜まり

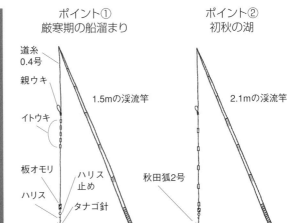

道糸 0.4号
親ウキ
イトウキ
1.5mの渓流竿
板オモリ
ハリス 止め
ハリス
タナゴ針

繊細なアタリを伝えてくれる極小のイトウキとタナゴ針（手研ぎ針がベスト）は欠かせない。竿は1.2〜1.5mもあれば十分。餌は、黄身練りを極小サイズに付ける。船溜まりはたいてい水の透明度が悪いため、イトウキは水面に近づける

ポイント②
初秋の湖

2.1mの渓流竿
秋田狐2号

広大な湖でも、活性の高い時期にはタナゴ類は岸近くにいることが多く、またそのようなものでないと釣りにくいため、竿は無理に長いものを使用せず、タナゴ類がいるポイントまで届くものでよい。カネヒラは、黄身練りはもちろん、アカムシや刻んだミミズでも釣れる

ポイント③
初夏の河川

1.8mの渓流竿

河川の幅や水深は場所ごとに異なるが、タナゴ類は岸の近くにいることが多いため、さほど長い竿は必要ないことが多い。ここでは1.8mの竿で手返しよく攻めていった

ポイント④
初夏の広い水路

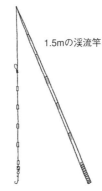

1.5mの渓流竿

竿の長さは、タナゴ類が岸際の浅瀬にいる場合は1.5〜1.8mほど、水深1m以上の深場や岸から遠くにいる個体を狙う場合は、長さ2.4m以上のものが使いやすい

ポイント⑤
初夏の狭い水路

1.2mの渓流竿

幅、水深ともに数十cmほどの水路では、竿は1.0〜1.2mと短いものが使いやすい。そっとポイントに近づき、的確に餌を送り込むこと

採集したタナゴ類の 輸送と トリートメント

文／赤井　裕

輸送前の心がけ

バラタナゴ類やイチモンジタナゴでは、採集後にフンをする量が多い場合があるので、そのような種の場合には、パッキングして持ち帰る途中に、多めに用意しておいた現地の水で、2時間おき程度に一回、水を入れ替えるようにするとよい。

また、イチモンジタナゴ、カネヒラ、ゼニタナゴでは、季節によって体表やエラが弱いことが多く、輸送中に死んでしまうことも多い。特にゼニタナゴは、網で掬うだけで鱗がはげて、そのスレが原因で病原菌に複合感染し、数日

以内に死んでしまうことがある。

そこで、パッキング袋に詰めるときや、移動させるときには、目の細かい大きめの観賞魚用網で水に浸けた状態で取り集め、そこから角のない容器で水ごと掬うのが無難である。

輸送のコツ

タナゴ類の輸送にはいくつかの方法があるが、厚手のビニール袋に1匹ずつ、もしくは少量ずつパッキングするのがもっとも無難である。ビニール袋に水と一緒に空気を詰める場合には、水は全体の1/4程度と少なくすることが重要だが、酸素ボンベを使った酸素パッキングの場合には、水が半分程度あっても差し支えない。

パッキング輸送の基本は、水中に酸素をよく溶かすことにあるので、密閉して気体中の湿度を上昇させ、水と空気中の気体交換をスムーズにすること、また、輸送の際にはポリ袋を寝かせて、空気と水が接する面積が全容積に対してできるだけ多く確保されること、などを考慮するとよい。

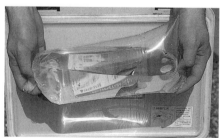

スレ傷や、酸欠、水の悪化などをなるべく防ぐためにも、1匹ずつパッキングするのが基本

▶現地に長期間滞在して採集するときには、採集した魚が弱らないうちに、途中で宅急便で輸送するという方法もある

採集後の魚のトリートメントには、フラン剤系の魚病薬が適している。写真はグリーンFゴールド

また、産卵期のタナゴ類のオスには、なわばり争いの闘争の際に使う、追星とよばれる硬く白い色の成熟突起が出現する。そして、そのようなタナゴ類を過密輸送したり、少数でも水が少ない状態で輸送すると、タナゴ類同士が傷ついてしまうので注意したい。

そこで、このような場合には特に、1匹ずつビニール袋にパッキングすることをおすすめする。

トリートメント

野外から採集してきたタナゴ類について、到着後、まずやらなくてはならないのは、傷、出血、異常な粘液分泌やフンなどによる水の濁りがないかをチェックすることだ。また、長時間の輸送では、フンや魚から発せられる粘液などが原因となって、浮遊性バクテリアや腐敗菌などが繁殖し始めて、水にイヤなにおいがついている。そのため、パッキング袋を開封したら、必ず、そのようなにおいがないか確かめる習慣が必要である。

特にイヤなにおいがなく、魚も健康で、水もきれいな場合には、薬浴などを行なわず、
①ポリ袋を再度封する
②収容先の水槽に10〜30分程度浮かべ、水温を合わせる
③水温だけではなく水質のショックも和らげる目的で、ポリ袋を開封し、水槽の水をポリ袋内に呼び込み、ポリ袋中の半分程度の水を水槽に戻す動作を、30秒以上かけてゆっくりと3回程度繰り返す

そしてその後、魚を水槽に放てばよい。

しかし、においや濁り、魚体の傷など、なんらかの異常が少しでも見つかった場合には、カラーページで紹介している方法でトリートメントしたり、また、フラン剤（ニトロフラゾン、フラゾリドンなど。黄色い色をしている）系の魚病薬を、水槽に浮かべた状態のビニール袋内の水の20ppm程度になるよう投与し、その場で10分程度、薬浴処置するという方法もある。その後は、網を使ってなるべく魚だけを水槽に移す。

一般には、魚が傷ついた際などにもっとも恐ろしいのは細菌性の疾病であるため、フラン剤を使うのが一般的ではあるが、殺菌薬であれば、他の薬を使っても効果がある。ただし、よく魚病薬として使われる製品の中には、塩を大量に含んだものもあるので、そのようなものは避けた方がよい。

ショップで購入するときの注意点

ショップでタナゴ類を購入する際の注意点は、まず、他の個体に比べてやせ細っていたり、元気がなく、単独行動しているような個体は避けるということだ。また、水面の上に手をかざすと、通常の餌やりと同様に、魚たちが反応して水面にやってくるが、このようなときに1匹だけ取り残されている個体も、元気がなくなっていたり、病気に罹っている場合が多いため、避けた方がよい。ショップで、同じ水槽に収容された他の魚たちと、まとまって泳ぐ健康な魚を選ぶようにしよう。

タナゴ飼育に必要なもの

ここでは、タナゴを飼育する際に必要な基本的なものを紹介していこう。ここにあげたすべてが必需品というわけではないが、備えあれば憂いなしとの格言もあるように、飼育を始める前にひと通り揃えておくと後々便利である

文／月刊アクアライフ編集部
イラスト／いずもり・よう

■水 槽

　水槽は、ガラス製とアクリル製のものが普及している。ポピュラーなのはガラス製で、傷がつきにくいためコケなどを除去しやすいという利点がある。

　アクリル水槽は、ガラス水槽と比べると傷がつきやすいのが難点だが、同サイズでの比較ではガラス水槽よりも圧倒的に軽いという利点がある。そのため、120cm以上の大型水槽ではアクリル製のものが使用されることが多い。

　水槽のサイズは、タナゴ類飼育においては60×30×36（高）cm水槽（60cmレギュラー水槽とも呼ばれる）が使用されることが多い。こ

60×30×36（高）cm水槽

のサイズの水槽であれば、カゼトゲタナゴやニッポンバラタナゴなど小型種の多数飼育はもちろん、日本産タナゴの最大種カネヒラでも数匹程度なら問題なく飼育できる。

　また、小～中型種のみの少数飼育や繁殖を狙ったペア飼育などであれば、60cm以下の水槽でも楽しめる。しかし、水槽が小さければ水換え時の手間などは楽だが、水量が少ないぶん、水質が悪化しやすかったり水温も変化しやすいという欠点が出てくる。

　その他、飼育水槽とは別に予備水槽があれば、採集や購入直後のタナゴ類のトリートメントにも使用できたりと何かと便利である。

　水槽には、ホコリが入ったり魚の飛び出しを防ぐため、必ず専用のフタをセットする。

■アングル台

　水槽を設置するための台で、木製や鉄製、ステンレス製がある。アングル台を使用せず水槽を床に置くと、水換えでサイフォンの原理を利用する際に水を吸い出せなかったり、人が歩くときの振動で魚が怯えたりするため、必ず使用するようにしたい。

　また、水槽に水を入れるとかなりの重さになるので、本棚などではなく水槽専用のものを使用すること。

■フィルター

　魚のフンや餌の残りなど、魚に有害な成分を、ろ過分解して無害な硝酸塩にしてくれるのがろ過バクテリア（ろ過細菌）である。フィルターには、そのろ過バクテリアを増やしてくれる働きがある。

　ろ過の方法には、活性炭やゼオライトなど

の吸着ろ材で有害物質を吸着する「吸着ろ過」、魚のフンなどをこし取る「物理ろ過」、ろ過バクテリアの働きによる「生物ろ過」とがある。フィルターには様々な方式のものがあるので、以下に説明しよう。

●上部式フィルター

ろ過槽ボックスの横にポンプがセットされたもので、水槽の上部にセットする。ろ材は好みで選ぶことができる他、そうじが行ないやすいという利点もある。大型水槽にも使用できる。水の流れの構造上、水中に酸素をある程度巻き込んでくれるが、水草の生長に必要な二酸化炭素をにがしてしまいやすいことや、水槽上部の約半分を覆ってしまうため水

水槽専用のアングル台。写真のような木製のほか、鉄製、ステンレス製などがある

槽後面に光が回りにくく、水草の育成には向いていない。

●外部式フィルター

筒型のろ過槽の上にポンプがセットされたもの。ポンプ内にサイフォンの原理で水を呼び込むため、水槽より低い位置に設置する。比較的音が静かで、ろ過容量が大きくろ過能力が高いため、大型水槽にも使用可能。ろ材は好みで選ぶことができる。シャワーパイプを水中に沈めれば二酸化炭素をにがさないので、水草水槽にも最適なフィルターである。

●内部式フィルター

ろ過槽の上部に水中ポンプがセットされたもの。ろ材にはスポンジやウールなどが使用される。音がほぼ無音に近いという利点があるが、ろ過容量は小さめなので、小型の水槽に使うとよい。

●外掛け式フィルター

水槽の縁枠に掛けて使用するもので、ろ過槽に接続されたポンプが水を汲み上げる。ろ材にはウールやスポンジ、活性炭などがセットされている。60cm以下の水槽に向いている。音が静かで、ろ材の交換が容易なのも利点。

●底面式フィルター

エアポンプのエアを利用して、エアリフトの原理で水を循環させる。すのこ状のフィルターの上に敷かれた砂利の中を水が通過し、バクテリアが繁殖する。60cm以下の水槽に向いており、稚魚を吸い込まないので稚魚育成水槽にも適している。

●投げ込み式フィルター

エアポンプとともに使用する。ろ材はウールや活性炭などがセットされている。60cm以下の水槽では単独使用でき、また大型水槽で

●色々なフィルターの形式

上部式フィルター

底面式フィルター

外部式フィルター

内部式フィルター

スポンジフィルター

外掛け式フィルター

投げ込み式フィルター

は補助フィルターとして使用するとエアレーションの役割も果たしてくれる。

●スポンジフィルター

エアポンプとともに使用するものがほとんどだが、スポンジ部に水中ポンプが接続されたものもある。メンテナンスが容易で、稚魚を吸い込まないという利点がある。単独使用では60cm以下の水槽に向いているが、大型水槽での補助フィルターとしても適している。

▌エアポンプ

エアを排出する器材で、エアチューブをつなげて使用する。エアが止まったときに水が逆流しないよう、水位よりも高いところに設置したり、逆流防止弁をエアチューブの途中に接続して使用する。

▌エアストーン

エアポンプから排出されるエアを細かく水中に溶け込ませるためのもので、フィルターとしての役割は果たさない。タナゴ類は溶存酸素量が多い方が調子がよいので、多数飼育している場合には、酸欠防止のためにもエアレーションを行なうとよい。

▌ろ材

セラミックやガラスなどを素材にしたリング状、粒状、球状など固形状のものや、ウールマット、スポンジなどが使用される。固形状のろ材の中には、pH（ペーハー／水が酸性〜アルカリ性の間で、どちらに傾いているかを表す単位。中性をpH7.0として、それよりも数値が低いときは酸性、高いときはアルカリ

タナゴ**飼育**に**必要**なもの

●各フィルターの水の流れ方●

ポンプによって水を循環させるもの

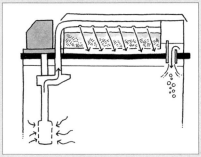

上部式フィルター

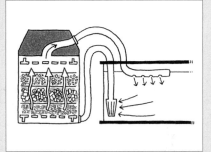

外部式フィルター

内部式フィルター

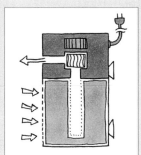

外掛け式
フィルター

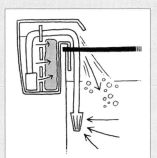

エアリフトによって水を循環させるもの

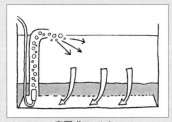

底面式フィルター

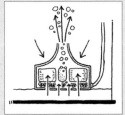

投げ込み式フィルター

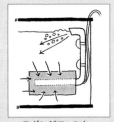

スポンジフィルター

エアポンプ

エアチューブ、エアストーン、逆流防止弁

活性炭

ろ材（リング状タイプ）

ウールマット

性である）を上げる製品や下げる製品などもあるが、タナゴはpHが低いよりもpH7.0〜8.0程度の中性〜弱アルカリ性の方が調子がよいので、pHを下げるタイプは適していない。

　ウールマットは主に物理ろ過としての役割を果たすが、バクテリアも増えるため生物ろ過用のろ材としても使用可能。またスポンジも、物理ろ過と生物ろ過の役割を果たしてくれる。

■吸着ろ材

　活性炭やゼオライトなどは、アンモニアなど生物に害のある物質や水の臭いを吸着してくれるので、バクテリアが増えていない水槽セット初期に使うとよい。また、流木のアクや魚病薬の一部を吸着してくれるものもある。

■照明器具

　照明器具は、魚を美しく照らし出すだけでなく、水草の育成や、魚の体色の発色をよく

したり、健康を維持するためにも必要である。また、明るければ魚の体表の傷などを発見しやすいという利点もある。蛍光管は1〜4灯式のものがあり、単にタナゴ類を飼育するだけであれば1灯式でも十分だが、水草を育成する場合は2灯式以上を使用したい。

　蛍光管の色には、白系、赤系、青系などがある。赤系の発色の蛍光管はタナゴ類の婚姻色の赤みを強調してくれるが、水草の育成には白系の発色のものがよい。

■タイマー

　照明は、魚を見るときだけに点灯すると魚に対してストレスを与えてしまうので、タイマーを使って規則正しく管理するとよい。一般的な照明時間は1日8〜10時間ほどである。

■底　床

●大磯砂
　古くから普及している、海産の砂である。

タナゴ**飼育**に**必要**なもの

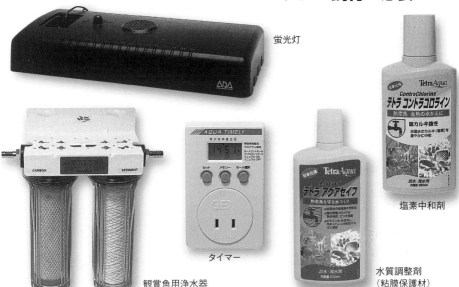

蛍光灯

塩素中和剤

タイマー

観賞魚用浄水器

水質調整剤
（粘膜保護材）

粒の大きさは各種揃っているが、いちばん細かいものでも、次に紹介する田砂や川砂と比べると大きい。木クズなどのゴミが混入していることが多いので、よく洗ってから使用する。貝殻が混じっているものは、使用開始後しばらくは多少pHを上げることがある。

●田砂
茶色い砂で、自然感を演出してくれる。粒が細かく角がないため、二枚貝が砂に潜りやすいという利点もあり、タナゴ飼育に向いている。pHには変化を与えず、水草も育成しやすい。

●硅砂
　粒のサイズや色みは採取地によって差がある。たいていは大磯砂より細かく、色みは白みがかった褐色である。ものによってはpHをやや上昇させることもある。

●川砂
　園芸店などで入手できる。自然らしさが演出でき、砂が細かいため二枚貝が潜りやすいという利点もあるが、角が尖っていたり、魚

病薬によって着色されてしまうものもあるので注意したい。自分で採取してきたものは、使用前によく洗ったり、pHにどのような変化を与えるか調べておくとよい。

●その他
　観賞魚店では、サンゴ砂や水草育成用に開発されたソイル（土）系と呼ばれる底床も入手できる。しかし、サンゴ砂だけの使用ではpHを上げすぎてしまうし、白い砂を敷くと魚の体色が薄くなってしまうので、タナゴ類飼育には向いていない。一方、pHを下げることが多いソイル系の底床も向いていない。

■中和剤と浄水器

　水道水には消毒のために塩素が含まれているが、塩素は魚やバクテリアなどの生物には悪影響を与えてしまう。そこで、水道水を水槽内に注水する前に、塩素を中和したり除去するために必要なのが、魚専用に開発された中和剤や浄水器である。特に浄水器を通した水

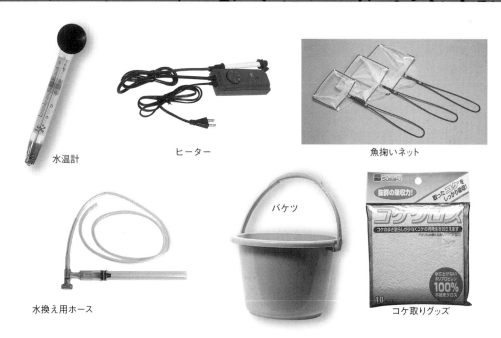

水温計

ヒーター

魚掬いネット

水換え用ホース

バケツ

コケ取りグッズ

は、塩素以外の有害な成分も吸着・除去されているので、単に塩素を中和しただけの水で飼育するよりも、魚の体調は確実によくなる。

■水質調整剤

水質調整剤には、魚の粘膜を保護してくれる成分が含まれたものなど様々な商品が市販されているので、目的に応じて使い分けるとよい。

■水温計

水温をチェックするために、必ずセットする。

■ヒーター＆サーモスタット

部屋の温度変化によって水槽の水温も変化するが、急激な変化（特に低下）が起こると魚にストレスを与えたり、白点病を発症することがある。そのようなことを防ぐためには、ヒーターを入れて水温を一定に保つとよい。ヒーターは熱を発する器材で、温度調節を行なうためのサーモスタットと接続して使う。

温度固定式のものと、15〜35℃（機種によって違いがある）まで調節できるものとがあるが、後者を選んだ方が使い道が多い。

■魚掬いネット

魚を掬う際に使用する。水槽や魚の大きさによって使い分けるとよい。

■水換え用ホース

サイフォンの原理で水槽内の水を吸い出すもので、水換え時に必要。水と一緒に底砂内の汚れを吸い出してくれるものもある。大型水槽の場合は、電動式の水換え用ポンプの使用が便利である。

■バケツ

水換え時に必要。また、魚を水槽から一時移動させるときなどにも使用できる。

■コケ取りグッズ

タナゴ**飼育**に**必要**なもの

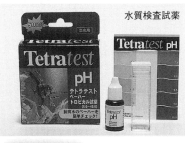

水質検査試薬

魚病薬

人工飼料

冷凍飼料

生き餌(アカムシ)

水槽のガラス面やアクリル面に発生したコケを取るための道具。スポンジ状やクロス状、スクレーパー状など、専用の製品が各タイプ揃っている。またコケ取りには、ヤマトヌマエビやフネアマガイなどの生物も活躍してくれる。

▌水質検査試薬

pHや亜硝酸、アンモニアなどの数値をチェックすることができる。それらの数値を把握しておけば、魚の調子が悪化した際に、要因を調べるのに役立つ。

▌魚病薬

白点病用、寄生虫用、細菌性疾病用など、各種揃っている。細菌性疾病用の薬は、採集してきたタナゴ類の飼育には必需品である。魚病薬は、いずれも説明書をよく読んでから使用する。

▌餌

●人工飼料

最近では川魚用の飼料も見かけるが、熱帯魚や金魚用の人工飼料も与えることができる。フレーク状と粒状のものがあるので、タナゴの口の大きさに合わせて選択するとよい。植物質が豊富に含まれた熱帯魚のプレコ用の飼料は、どのタナゴ類も好むが、特にカネヒラのような植物食性の強い種には与えたい餌である。

●冷凍飼料

アカムシやブラインシュリンプ(幼体、成体)、ミジンコ、イトミミズなどがある。タナゴ類には、特に冷凍アカムシが嗜好性が高い。

●生き餌

アカムシ、イトミミズが入手できる。ともに栄養価が高いため特に繁殖期には良い餌となるが、単食で与えると栄養のバランスは悪くなるので、植物性の強い人工飼料などと併用するとよい。イトミミズは、ものによっては病気を持ち込むこともあるので、与える前に必ず水道水でよく洗い、汚れや雑菌などを流しておく。

タナゴの飼育

～繁殖を楽しむ

文／秋山信彦
イラスト／いずもり・よう

タナゴ類飼育の基本

　タナゴ類に限らず、魚を飼育する人には2通りいることと思う。ひとつは、純粋に観賞するために飼育する人、もうひとつは繁殖を楽しむために飼育する人である。この2種類の飼育は、同じように見えて全く異なる。これはタナゴ類だけでなく、すべての魚で言えることである。

　インテリアとして楽しむ人にとっては、いかに魚を美しく見せるかということが重要である。熱帯魚を飼育するのと同じである。つまり、日本の自然を水槽に再現するのもよし、また自然とは別に、インテリアとして水槽のレイアウトを考えるのもよいだろう。

　では、実際に飼育するにはどのような水槽を準備すればよいか。タナゴの仲間は、カネヒラ、ヤリタナゴ、ゼニタナゴのように大きくなると10cmを超えるような大型の種、アブラボテ、バラタナゴのようにせいぜい5～7cm程度の中型の種、カゼトゲタナゴのような3cm程度と小型の種類に分けられる。小型の種では30cm程度の水槽でも十分飼育できるので、机の片隅に置けるような小さな水槽で、アクアリウムを楽しむこともできるのである。しかし、中型以上の種や小型種でも数種類を

一緒に飼育するのであれば、やはり最低でも60×30×36（高）cm程度の水槽を準備したい。もちろん、もっと大型の水槽に、ゆったりと魚を入れて楽しむのもよいだろう。

　また、タナゴ類同士の混泳については、多少気性の荒い種や、おとなしい種類とがいるが、繁殖させる場合でなければ、大きな問題にはならない。この場合、水槽内に二枚貝を入れると、それを中心としてタナゴ類のオスがテリトリーを作り、他のタナゴ類を追い払ってしまうので注意したい。そのような場合、どうしても大型種が強い傾向があり、小型種は水槽の片隅に追いやられてしまう。特に、アブラボテは中型種ではあるがタナゴの仲間としては気性が荒く、テリトリーを作ると他のタナゴを追い払ってしまうようになる。したがって、単純にアクアリウムとして楽しむのであれば、二枚貝を入れない方がよい。

　また、他の日本の淡水魚との相性も悪くない。例えば、ドジョウの仲間、モロコをはじめとしたコイ科魚類などとの混泳はまったく問題ない。ただ、ナマズの仲間やオヤニラミのような魚食魚との混泳は、タナゴ類が餌となってしまうので不可能である。さらに、ハゼの仲間も比較的気性の荒いものが多いので、できるだけ混泳を避けた方が無難である。それ以外であれば、特に問題となることはない。

　いずれにせよ、タナゴ類が他の魚に悪い影響を与えることはないといっても過言ではなく、むしろタナゴ類が他の生物から攻撃を受けることの方が多い。ただ、ミナミヌマエビのような小さなエビの子供は、タナゴの種類によっては捕食してしまうので、注意が必要となる。

　また、カネヒラのように植物を好んで食べる種類では、水草の新芽を喜んで食べてしま

●タナゴ類飼育器具の基本的なセット例●

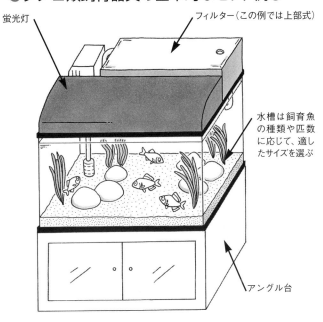

蛍光灯

フィルター（この例では上部式）

水槽は飼育魚の種類や匹数に応じて、適したサイズを選ぶ

アングル台

う。やわらかい葉であれば、丸坊主にしてしまう。ゼニタナゴも植物が好きであるが、せいぜい新芽をつついて食べるか、柔らかい葉を少量食べる程度である。

したがって、カネヒラを飼育する際には多少水草のことを考慮して、セキショウモやコウガイモのような硬い葉のものを入れるのがよい。カナダモやカボンバのように繁殖力の旺盛な水草の場合でも、大食漢のカネヒラの食欲には負けてしまう。このような水草は、

■タナゴ類と一緒に飼ってはいけない魚たち■

オヤニラミ

サケ科類

ナマズ類

ハゼ類

別の水槽で増やしておいて、観賞水槽に補給してやるとよい。

　なお、他のタナゴ類でも多少水草を食べることはあるが、水草の成長を阻害するほど食べることはない。

タナゴ類を繁殖させるにあたって

　タナゴの仲間を飼育するのであれば、やはり繁殖をさせることであろう。その際に現すオスの婚姻色は、格別に美しいものである。日本の淡水魚の中で最も美しい色を現すといっても過言ではない。そして、その繁殖行動を見ていると時間の過ぎることを忘れてしまうほどおもしろい。

　また、タナゴの仲間の寿命はそれほど長くはないため、毎回採集してきたり、購入したのでは大変である。健全なアクアリストとして、できれば一度手に入れた魚を継代飼育し、自然環境への負荷も軽減してもらいたい。

　自然界でのタナゴ類の寿命については、様々な要因があって一概には言えない。きちんとした年齢査定をしたわけではないのではっきりとは言えないが、多くの種類では1〜2年程度であると思われる。ところが、飼育すると種類によって異なるが、多くの種類で4〜5年は生きるようである。ただ、このように長生きした親は産卵させるための親魚としては不適当である。できれば当歳もしくは2歳の魚がよい。それに、若い親魚の方が産卵間隔が短いようである。特に、4〜5年も経ったような親魚では、産卵管すら伸ばさないこともある。

　また、バラタナゴでは、ほとんどの場合3年目の冬を越せずに死んでいくものが多い。お

そらく水槽で飼育した場合、寿命が最も短い種はバラタナゴだと思う。しかし、繁殖は比較的容易な種類なので、早め早めに繁殖させて世代を交代させるようにしてやりたい。

　タナゴの仲間を繁殖させるときには、ひとつの水槽にできるだけ単一種で飼育することが望ましい。他のタナゴと一緒に水槽に収容すると、どうしても強い種類がテリトリーを持ってしまい、特に、狭い水槽では優位となる。そうなると、弱い種類は繁殖しにくくなってしまうのである。

　例えば、アブラボテとカゼトゲタナゴの組み合わせで飼育すると、アブラボテのオスが二枚貝周辺にテリトリーを作り、他の種類や同種のオスを追い払い、産卵管を伸ばした同種のメスしか近寄れなくなってしまう。このような状況では、まずカゼトゲタナゴが産卵することは不可能である。

　これはわかりやすい例であったが、例えばバラタナゴとアブラボテのような組み合わせで飼育すると、話は複雑になる。アブラボテのオスが二枚貝周辺にテリトリーを作り、バラタナゴは近寄れなくなってしまう。ここまでは、カゼトゲタナゴの場合と同様である。しかし、

アブラボテは気が強いため、他のタナゴ類と混泳させると、二枚貝周辺を陣取ってしまうことが多い

温和な種の多いモロコ類は、タナゴ類の混泳相手には適している。写真はタモロコ

ドジョウ類の一部もタナゴ類と混泳できるが、飼育しているタナゴ類に比べ、大きすぎる個体は避けた方がよい。写真はスジシマドジョウ・中型種

バラタナゴも産卵しようと必死である。そこでどうするかというと、バラタナゴは隙を見て二枚貝に産卵するのである。

では、この2種を混泳させても問題ないのかというと、そうではない。バラタナゴが産卵した後で、テリトリーの主であるアブラボテのオスが戻ってくると大変である。バラタナゴのオスが放精する前にアブラボテが追い払い、代わりにアブラボテが貝に向かって放精し、出てきた子供は交雑種になってしまうのである。これを楽しむのもひとつかもしれないが、やはり純系種を飼育したいものである。

このように、タナゴ類は繁殖させるときに1種類で産卵させることが望ましいが、他の日本産淡水魚類との混泳はどうかというと、種類によってはまったく無害なものもある。例えば、ドジョウの仲間や、スゴモロコやイトモロコのようなモロコ類などは無害な魚と言える。これらの魚種が水槽内に多量に入っていると、タナゴ類の産卵行動に障害が現れることもあるが、少数であれば問題となることはない。

ただし、二枚貝から浮出たてのタナゴ類の稚魚については、泥や砂に潜る性質をもつドジョウ（シマドジョウやドジョウなど）以外には捕食されてしまうことがある。

つまり、ドジョウ、シマドジョウの仲間、アジメドジョウなどが、タナゴ類ときわめて相性がよく、どんな状態で混泳させてもまったくといって問題がない魚と言えるだろう。むしろ、砂を適度にかき回してくれるので、そのことが、後述する二枚貝にとっては好都合となる。

次に、どの程度の水槽にどれぐらいの匹数を泳がすかが問題となる。それには、大きく分けて2つの方法がある。ひとつは小さな水槽に1ペア、もしくはオス1匹に対しメスを2〜3匹収容する方法である。オスは他のオスとのなわばり争いをしなくて済むために、じっくりと産卵行動がとれる。

また、この方法のメリットとして、タナゴ類の卵をひとつの二枚貝に産みつけられすぎないように管理することが可能、という点もあげられる。ゼニタナゴ、タナゴ、ヤリタナゴのような種類では、1回の産卵で100粒単位で産卵するが、これでは小さな貝であれば窒息死してしまうことがある。さらに、これらの種のメス数匹が、1匹の二枚貝に産卵したら大変である。

そこで、このような種類では1ペアで飼育し、産卵させるようにする。メスが産卵管を縮めたならば産卵した証拠であるから、入れておいた貝を別の水槽へ移動し、それ以上産卵させないようにするのである。

もうひとつの方法は、比較的大型の水槽に

●産卵場所を仕切る

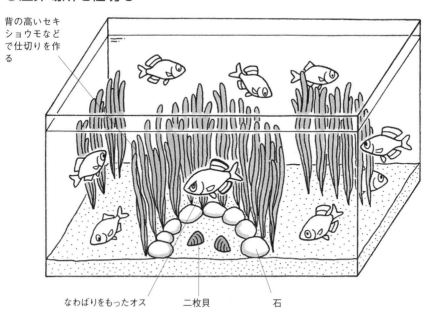

背の高いセキショウモなどで仕切りを作る

なわばりをもったオス　　二枚貝　　石

タナゴ類を十数匹収容し、集団で繁殖させるというものである。バラタナゴ、アブラボテ、タビラ類、カネヒラのような種類では、大量の親で繁殖させるこの方法で、比較的安定して大量に子供を殖やすことができる。

ただし、この場合には、強いオスがテリトリーを作る空間と、弱い個体が身を隠すことのできる空間を作る必要がある。テリトリーを作っているオスは大変神経質になっているため、他のタナゴ類が視界に入るとすぐに追い払う行動をとってしまうのである。闘争ばかりしていると、次第に苛立ってメスすら追い払うようになってしまうからである。

そこで、水草や石などをうまくレイアウトし、二枚貝を入れる産卵場所と他のタナゴが隠れる場所とを仕切り、縄張りをもったオスに他の魚が見えないようにしてやる（上のイラスト参照）。このようにすると、自然とその

日によって強いオスが入れ替わり、いろいろなオスとメスとの組み合わせになる。特に、バラタナゴは大量に親魚が入っていても問題なく産卵する。むしろ、少数で産卵させるよりも大量の親を水槽に入れておいた方が、バラタナゴのように集団産卵をする習性をもつ種では産卵効率がよい。

いずれの場合にもあまり飼育水が古くなってくると、メスが産卵管を伸ばす間隔が長くなってしまったり、一回の産卵での卵粒数が減ってしまったりする。そのため、産卵させる水槽の水質管理はしっかりやらなくてはならない。できれば、こまめに水換えをするのが好ましい。

ところが、人によっては、毎週水槽の砂からろ過槽（ろ材）まできれいに洗ってしまう人がいる。これでは、せっかくろ過するための硝酸菌、亜硝酸菌などのバクテリアが繁殖

タナゴの**飼育**

していても、すべて除去してしまうことになる。淡水魚飼育の場合には、海水に比べるとpH値が低いので、有害なアンモニア態窒素の毒性も低く、アンモニアが少量発生した程度では飼育自体には問題ない。

ただ、それについても、できればないに越したことはないので、ろ過フィルターをセットして、大量に放出されるアンモニア態窒素を、毒性の低い硝酸態窒素へと酸化してくれる。しかしながら、硝酸態窒素については水槽に溜まる一方である。

このようなバクテリアは、水中を漂うより

も、物に付着しているものの方が多い。そのために、バクテリアが定着する表面積を増やす目的で、ろ過槽を設置するわけである。そしてその結果、アンモニア態窒素を毒性の低い硝酸態窒素へと酸化してはくれるのだが、それでもまだ硝酸態窒素は水槽内に溜まる一方である。また、餌などから出てくる水溶性のタンパクなども、どんどん溜まる一方である。これらを分解したり、水槽外へ窒素を取り出す方法は、ないことはないが、現時点ではあまり一般的でなかったり、安定的な技術ではない。

●水換えの手順

①フィルターの電源を抜いてから、水換え用ホースでバケツなどに水を吸い出す。一度に水換えする水量は、水槽全体の水量の1/3～1/2程度がよい

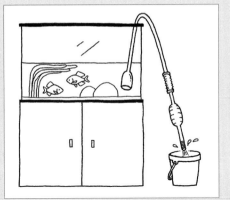

②新しく水槽に入れる水道水は、前もって塩素を中和しておく。観賞魚用浄水器を通したものを使用すると、なおよい。水温もなるべく差がないようにしておく

③注水時には、発泡スチロール板などの上に注ぐと、レイアウトを壊さずに済む。それでも、なるべくゆっくりと注ぐようにする

●ろ材などのメンテナンス

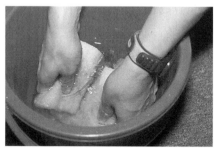

ウールマットは汚れがたまりやすいので、1週間に1回
程度、水でゆすいで汚れを落とす。ろ過バクテリアを
殺さないよう、水道水ではなく、必ず水槽の水を使っ
て洗うこと。これはすべてのろ材に共通

リング状や粒状、球状など固形状のろ材も、水槽の
水を使って軽くゆすぐ。ろ過槽が汚れで目詰まりしな
いように、定期的に行なうとよい

スポンジフィルターは、スポンジだけを取り出し、水
槽の水を移したバケツの中で、軽く数回程度握って、
たまった汚れをしぼり出す

底面式フィルター
の場合は、専用の
クリーナーホース
で、底床内の汚れ
を水とともに吸い
出す。底床内が目
詰まりしないよう、
1ヵ月に1回程度は
行ないたい

　そこで、いちばん手っ取り早いのが、水換
えを行なうということになる。つまり、ここ
でいう水換えとは、水槽に溜まってしまった
硝酸態窒素や水溶性の物質の濃度を下げるこ
となのである。

　したがって、水槽内をひっかきまわして掃
除をする必要はない。サイフォンでそっと水
槽の半分程度の水を抜き取り、同じ水温の脱
塩素後の水道水を入れてやればよいのである。
また、水道水には魚やバクテリアなどに有害
な塩素が入っているため、水槽内に入れる前
に必ず中和しておくことを忘れてはならない。
その中和した水をできるだけそっと注水すれ
ば、魚にもストレスを与えずにすむ。

　このような方法での水換えの目安としては、
週に1回水量の半分程度でよい。それでも、2

目が大きく飛び出したアブラボテ。これはポップアイと呼ばれる症状で、エロモナス症が進行したことによる

〜3ヵ月程度で水はかなり汚れてくるので、この時には水槽の砂利なども含めてきれいに掃除する。その際にろ過槽のろ材まで洗ってしまうと、ろ過バクテリアが減少してしまうので、ろ材の掃除はまた別の機会に行なう。そして、このように掃除した後には、水槽内のバクテリアが元通りに回復していないため、2〜3日間は餌を控えめにする。かといって、バクテリアを増やすにはバクテリアの餌となるアンモニア態窒素を供給しなくてはならないので、多少（通常の1/3程度で十分）は魚に餌を与えた方がよい。水換え後には魚が餌をたくさん食べたがるものであるが、そこは我慢して餌の量を抑えてもらいたい。

タナゴ類の病気

　前述のように飼育していれば、ほとんどの場合病気が発生することはない。よく、水温の低い時に水槽を一生懸命掃除する人がいるが、これは魚にとって最も迷惑な話である。魚の活性が下がっているために、これでは白点病の原因となる寄生虫がつきやすくなってしまう。いったんこのような寄生虫が水槽内で繁殖してしまうと、たちが悪い。イカリムシのように大きな寄生虫であればピンセットで取ってしまうこともできるが、白点病ではそうもいかない。

　白点病の場合には専用の魚病薬を規定量投薬したり、硫酸銅を2ppm（ppm＝百万分の１）程度入れてやる。その後2〜3日して、再び同じ量を入れて、これを白点病が治るまで続けてやればよい。

　また、反対に水換えをあまりにも怠っていると、穴あき病になってしまう。この病気は実に痛々しい。魚の体側に大きな穴が開いて、内臓が見えることすらある。穴あき病になってしまった場合には、それからでもきちんと水換えすることによって治癒する。合併症にならないように、エルバージュを規定量入れてやれば、なおよい。

　いずれにせよ、病気は他から入り込むか、魚の状態が著しく悪くなったときに発症する。外から魚を持ち込む際は必ず薬浴してから飼育水槽へ入れることと、水の管理をきちんとすることによって、病気は未然に防ぐことができるのである。

タナゴ類の繁殖期

　タナゴ類の繁殖期はいつなのであろうか。現在、日本には外来種を入れると16種類ものタナゴが生息しているが、すべての種が同じ時期に産卵するのではない。タナゴには、大きくわけて
①春に産卵するグループ
②春から初秋にかけて産卵するグループ
③秋に産卵するグループ
　の3タイプがある。
　中でも最も多いのは、①の春に産卵するタイプである。種類としては、タナゴ（マタナゴ）、イチモンジタナゴ、ヤリタナゴ、アブラボテ、ミヤコタナゴ、カゼトゲタナゴ、スイ

タナゴ類の繁殖形態

種類名	主に産卵する貝	主な産卵期・ふ化仔魚が泳ぎ出る期間
ヤリタナゴ	ドブガイ、マツカサガイ、ニセマツカサガイなど	4～6月。約1ヵ月後
アブラボテ	ドブガイ、マツカサガイなど	4～6月。約1ヵ月後
ニッポンバラタナゴ	ドブガイ	4～8月。約20日後
タイリクバラタナゴ	カラスガイ、タガイ、イシガイ、ドブガイ	4～9月。約20日後
カゼトゲタナゴ	マツカサガイ、イシガイ、小型ドブガイ	3～6月。約1ヵ月後
アカヒレタビラ類	マツカサガイ、ドブガイ、イシガイ	4～6月。約1ヵ月後
シロヒレタビラ	ドブガイ、カタハガイ、マツカサガイ、タガイなど	4～6月。約1ヵ月後
セボシタビラ	ドブガイ、カタハガイ	3～7月。約1ヵ月後
タナゴ	カラスガイ、ドブガイなどの大型の二枚貝	4～6月。約1ヵ月後
カネヒラ	イシガイ、カタハガイなど	9～11月。貝内で越冬し、翌年の5～6月頃
ゼニタナゴ	大型のカラスガイ、ドブガイなど	9～11月。貝内で越冬し、翌年の4～5月頃
イチモンジタナゴ	ドブガイなど	琵琶湖では4～8月。約1ヵ月後

ゲンゼニタナゴ、タビラ類があげられる。この中でも比較的早期に産卵を終了する種としては、タナゴ（マタナゴ）、イチモンジタナゴ、スイゲンゼニタナゴの3種があげられ、その他の種類では夏近くまで産卵したり、水槽の環境によっては盛夏になっても産卵を続けるものもいる。しかし、ご存知のようにミヤコタナゴは天然記念物なので飼育はできないし、またスイゲンゼニタナゴも、新たに採集し飼育することはできなくなっている。

次に、②の春から初秋にかけて産卵するタナゴとしてはバラタナゴがあげられるが、バラタナゴは婚姻色も長い間楽しむことができる。

最後に、③の秋に産卵する種類としては、カネヒラ、ゼニタナゴ、イタセンパラの3種があげられるが、イタセンパラは天然記念物であるために飼育はできない。このうち、ゼニタナゴは秋だけに産卵するが、カネヒラの場合、ごくまれに春でも産卵することがある。

このように産卵期は種類によって異なるが、いずれの種も、産卵期を知るのは水温や日照時間の変化などの環境要因を感じ取っているからである。したがって、室内でタナゴを飼育する際に注意しなくてはならない点として、常時同じ温度、日照時間で飼育しないことである。できれば、自然水温、自然日長で飼育することが望ましいが、不可能であれば、タイマーを使って日照時間を自然日長にしたり、水温についてはヒーターなどを用いて調整してやる必要がある。

ただ、これらの環境については、単純に産卵期の日長や温度に合わせるのではなく、低温から上昇して産卵水温にするとか、反対に高温から下降して産卵温度帯に入れるなど、前後の変化が重要な要因となる。いったん水槽の中で産卵するようになったら、同じ環境を続けてやると比較的長く産卵するようになるが、残念ながらずっと産卵し続けるわけではない。やがて魚の状態が悪くなってしまい、産卵が終了してしまう。このようなことからも、魚を健全に繁殖させるのであれば、できるだけ自然日長、自然水温で飼育することをすすめる。

タナゴの飼育

日長時間の管理のためには、タイマーは必需品である

水温を調整したい場合は、温度固定式のものではなく、水温調整可能なサーモスタット付きのヒーターを選ぶこと

タナゴ類と二枚貝の関係

　タナゴ類は、どの二枚貝にでも産卵するのであろうか？　実は、多くの種類で比較的好む二枚貝の種類がある。自然界での、産卵母貝としての二枚貝の選択性については、生息地の状態によってかなり異なっている。例えば、霞ヶ浦やその周辺の河川では、カラスガイ、ドブガイといった種類をゼニタナゴ、タナゴ、アカヒレタビラ、タイリクバラタナゴが利用している。また、カネヒラもドブガイを利用しているが、イシガイからもカネヒラの仔魚が見つかる。

　しかし、岡山や九州の水路では、カネヒラの仔魚はイシガイよりもむしろカタハガイからたくさん出てくることから、生息地によっても多少異なるようである。カネヒラはもともとはカタハガイを利用していたが、移植された霞ヶ浦にはカタハガイが存在してないために、イシガイや小型のドブガイを利用して

いるのかもしれない。

　バラタナゴも、生息地の違いによって産卵床となる二枚貝の種類がかなり異なっている。ドブガイが生息しているところではドブガイを、生息していない場所ではそこに生息している二枚貝の中で大型の種類を利用しているようである。

　このように、タナゴ類はどうしてもこの貝でないと産卵しないということはないが、ある程度の二枚貝の選択性はあると言える。

　飼育条件になると、また自然界とは異なってくる。タナゴ（マタナゴ）、イチモンジタナゴ、ゼニタナゴといった大型で産卵管が極端に長い種類では、飼育条件下でも殻長が10cm以上の大型のドブガイ、カラスガイ、イケチョウガイを好むようである。

　また、西日本の大型個体と東や北日本の小型個体とでは多少異なる。大型種でも産卵管が極端に短いカネヒラは、大型の二枚貝よりも殻長6〜10cm程度のカタハガイやイシガイといった中型の二枚貝を選択するようである。ただし、これらの貝の中では比較的大型の個体を好む傾向がある。

　ヤリタナゴもカネヒラと同様の傾向があるが、大型のヤリタナゴでは小さなドブガイや大きなカタハガイといった貝を選ぶ。小型のヤリタナゴの場合には、マツカサガイ、ニセマツカサガイ、イシガイといった小型の二枚貝に産卵する。

　タビラ類、アブラボテ、バラタナゴのように中型種でも産卵管が長い種類では、10cm程度のドブガイ、カラスガイ、カタハガイ、カワシンジュガイなどから、3〜5cm程度の小型のマツカサガイにも産卵する。

　ただし、水槽の中での産卵効率という面で

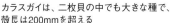
カラスガイは、二枚貝の中でも大きな種で、殻長は200mmを超える

考えると、産卵床には活きのよいドブガイが最も適しており、次いでカタハガイやカワシンジュガイといった種類を用いるのがよいようである。

カゼトゲタナゴのような小型種では、マツカサガイ、ニセマツカサガイ、オバエボシなどの小さな二枚貝を好むようである。しかし、実際には水槽内ではなかなか産卵に成功しない。自然界でよく繁殖しているな、と感心するほど、水槽の中では貝に卵を産みつけるのが下手な種類である。

タナゴ類は飼育下でも、自然界と同様に好みの二枚貝がないと別の貝に産卵しようとする。そのときに、本来産卵を好む二枚貝と、水槽内での二枚貝との大きさがあまり異なっていると産卵しないが、出水管の大きさや出水管の先端から二枚貝内部の鰓上腔という場所までの距離が大きく異なっているのでなければ、産卵効率に大きな違いはないようである。

例えば、以前ミヤコタナゴで実験した結果、関東地方にはないはずのオバエボシにもマツカサガイとほぼ同じ頻度で産卵することがわかっている。その際、この2種類の貝の出水管の大きさや、出水管から鰓上腔までの距離はそれほど大きく異なっていなかった。このような例が全ての場合に当てはまるかはわからないが、ほとんどのタナゴ類で同様の傾向が見られる。

また、カワシンジュガイは比較的多くのタ

ナゴ類が産卵する貝ではあるが、産卵管の短いタナゴ類では小型のカワシンジュガイ、産卵管の長い種類であれば大型のカワシンジュガイを好むようである。ただ、カワシンジュガイは産卵しやすい貝ではあるのだが、せっかく産みつけられた卵を吐き出しやすい。

したがって、卵を産みつけられたカワシンジュガイは、そっとやさしく扱うようにしたい。急に貝を触ったりすると、閉殻筋を急速に縮めて閉じてしまうが、この時にせっかく産卵された卵が出水管から外に出されてしまうのである。出された瞬間、卵はそばにいたオスのタナゴ類に食べられてしまう。これはカワシンジュガイに限ったことではなく、他の二枚貝でも同様であるため、産卵直後にはできるだけ二枚貝をそっとしておいた方がよい。

繁殖用水槽のセッティング

タナゴ類を繁殖させるための水槽のレイアウトにはいくつかのポイントがある。ひとつは、水槽に敷く砂である。これは、タナゴ類のためというよりは、タナゴ類が産卵するための二枚貝のためと言える。二枚貝が正常に

殻長50mm前後に成長するニセマツカサガイ。カゼトゲタナゴや、小型のヤリタナゴなどの産卵床に使用される

タナゴの飼育

潜砂した状態でないと、タナゴ類も産卵しにくくなり、産卵効率が落ちてしまうからである。

砂の深さが浅すぎると、貝が砂に潜れずに水底に横たわってしまう。このような状態ではタナゴ類は産卵しにくくなり、産卵効率が著しく悪くなってしまう。タナゴ類にとって二枚貝の姿勢というのは重要で、貝がきちんと砂に潜った状態であり、さらに出水管が砂から出た状態でなくてはならない。

ドブガイは、自然界では泥の中に完全に潜っているが、水管がある場所は孔が空いている状態となっているために、水底に2つの穴が空いたように見える。しかし、水槽の中に泥を敷くわけにはいかないため、細かい砂を敷くことになるのだが、砂の場合はすぐに崩れてしまうので、自然界のようにはいかない。

そこで、砂の厚さを貝の殻長の約2／3程度の深さにしてやればよい。特に、小型の二枚貝を使用するときは注意が必要である。例えばマツカサガイを入れたのはいいが、水槽のどこに潜ったかわからないという状態にならないよう、注意していただきたい。

また、二枚貝は元気がよいときでないと水管を開かないため、タナゴ類の産卵成功率が著しく低下してしまう。反対に元気がよすぎると、水槽の中をあちこちへ移動し、やがて水槽の隅に落ち着く。特に、底面式フィルターなどのパイプが出ているところに、いくつもの貝が集まってしまうことが多い。タナゴ類は、種類によっても異なるようだが、多くの種類では二枚貝の殻頂方向から出水管へとアプローチし、そのまま産卵行動に移行するようである（次ページイラスト参照）。ところが、二枚貝は動くときにはその方向へと移動するので、ガラス面付近に移動した二枚貝とでは、どうしてもガラス面と出水管までの距離が短くなりがちになってしまう。タナゴ類はそれでも産卵はするが、いかにも産卵しづらそうである。そういう場合には、タナゴ類が産卵行動しやすい水槽中央部に、二枚貝を移動してあげてもよい。

次に、砂の粒子についてだが、貝が潜りやすいように、できるだけ細かいものがよい。そのため、産卵用の水槽のフィルターに底面式を使用する場合は、砂がフィルターの下に落ちてしまわないよう、ウールマットを敷く必要がある。もっとも、底面式を使わなくても上部式フィルターかスポンジフィルターのようなものを用いればよい。

また、砂の種類としては、あまり比重の高いものは避けた方がよい。比重が高い砂では、時間とともに砂が固く締まってしまい、貝が潜れなくなってしまうのである。ひどいときには、潜っている貝が砂から外に出されてしまうことすらある。そこで一般的には、田砂、細かめの珪砂や川砂のようなものを使用するとよい。なお、石を砕いたような砂では比重が高いことが多いので、注意していただきたい。

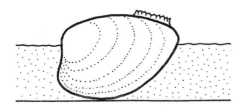

貝の全身が砂に潜ってしまうことを防ぐには、砂の厚みを貝の殻長の2/3程度に抑えるとよい

●二枚貝へのアプローチ

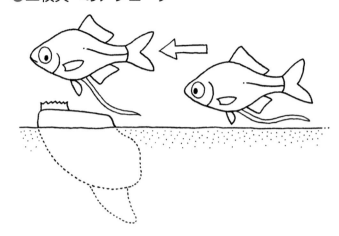

二枚貝を生かすには

　このような状態にしてやっても、二枚貝は長生きをしない。その理由は餌がないからである。二枚貝類の餌は水中を漂っている有機懸濁物である。有機懸濁物とは、ほぼ環境水と同じ比重の小さな有機物で、バクテリアのフロック（人間の目に見えない程度の小さなバクテリアが、お互いに集まって塊となり、目に見える程度の大きさになったもの）や植物プランクトン、動物プランクトン、陸上由来の有機物が壊れたものなどを指す。

　そのように、水中を漂いさえしていれば何でもよさそうであるのだが、実際には水中での懸濁密度、粒子の径、栄養成分など様々な諸問題がある。

　二枚貝の摂餌は、入水管から取り込まれた水の中に含まれている有機懸濁物を、鰓糸の表面に分泌される粘液や鰓糸側面に生えている繊毛にひっかけて捕捉する。そして、それを繊毛運動によって口まで輸送し、取り込む。このときに粒子が小さすぎると、捕捉できずに鰓糸の隙間となっている鰓窓を通過してしまう。

　反対に、大きすぎるとうまく捕捉できなかったり、捕捉できたとしても口までの輸送の際に外套腔に落としてしまうために、捕食効率が著しく低下する。貝の種類によって捕捉効率のよい微粒子の大きさは異なっているが、おおよそ5～30ミクロン程度であれば、多くの二枚貝が捕捉可能である。ほとんどの場合、5

二枚貝のためには、潜りやすいよう細かい砂が適している。写真は田砂

矢印先が入水管。その奥は出水管。写真はドブガイ

ミクロン以下では捕捉効率が著しく低下してしまう。よく、入水管のそばに水に溶いたイーストを少しずつ流してやり、入水管から取り込まれたのを見て二枚貝が餌を食べたと勘違いしている人がいるが、イーストでは小さすぎることになる。また、特に忌避する成分が入っていない限り、二枚貝は入水管を閉じはしないのである。イーストを入水管から取り込むというのは二枚貝が忌避していないだけであって、特に捕食しているかどうかはわからないことになるのだ。

さらに、餌の懸濁密度も重要である。貝の捕食行動は、前述したようにエラで捕捉した微粒子を繊毛が能動的に口に輸送するため、粒子が少ないときにはどんどん口から取り込むが、送られてくる粒子が多いと、口から取り込めなくなってくる。このようになると、粒子を粘液で固めて偽糞という型で排出する。これを見て、ちゃんと貝がフンをしたと勘違いしている人もいる。偽のフンと本物のフンを見分けるのは大変難しく、貝の種類によってもその形態が著しく異なっている。二枚貝についての研究をしている我々でも、種類によって時間をかけて検討しなくてはわからないほどである。

いずれにせよ、水中を懸濁している微粒子が多すぎると、二枚貝は粘液で補足した粒子を包んで、どんどん捨てなくてはならない。イーストを水に溶いて白濁した水では密度が高すぎて、仮にエラで捕らえたとしても偽糞として排出されるものが多く、摂餌効率が悪いと言える。つまり、そのような餌を与えすぎると、反対にやせてしまうことすらあるので注意したい。

一般に、植物プランクトンをモデルとして計算すると、多くの二枚貝で、その水中に漂う植物プランクトンの密度は1万細胞／1mlぐらいでよく、この密度を常に維持することが大切である。

また、餌となる有機懸濁物を含んだ川や湖沼の水を、常時飼育水槽に取り込むことができれば、二枚貝の飼育は簡単である。このような方法は通常では不可能であるが、これと同じような状態が再現できれば二枚貝の飼育も可能となる。現在、東海大学と一般企業とで共同開発した配合飼料を、自動給餌機で海産二枚貝に与え、身入りと品質のよい貝を製造することに成功している。この方法を応用することで、淡水産の二枚貝を長生きさせることが可能となる。当方ではミヤコタナゴの継代飼育をしているが、その産卵母貝としてカワシンジュガイを用いている。そして、このカワシンジュガイを1年を通じて活力のある状態で維持することが可能となっている。現時点では産業規模での展開をしているため、まだペット業界での流通がなされていないが、将来的にはペット業界にも二枚貝の餌が流通することと思う。

いずれにせよ、二枚貝の飼育は一般家庭ではまだ難しい。少々かわいそうだが消耗品的な考えをするしかない。したがって、もしフィールドでたくさんの二枚貝を見つけたとしても、一時に大量に採集するのではなく、必要な分だけを採集することが望ましい。そもそも、弱った二枚貝にはタナゴ類が産卵しなくなる。できれば、二枚貝を使い終わったならば、完全に二枚貝の中にタナゴ類の仔魚が入っていない状態となるまで飼育してから、採集した河川に戻してやるとよいだろう。

そのタナゴ類の仔魚が入っていない状態と

抱卵し、腹部が大きく膨れたゼニタナゴのメス

いうのは、春産卵型のタナゴであれば、1.5〜2ヵ月間ほどタナゴ類の入っていない水槽に入れておく必要がある。秋産卵型のタナゴ類であれば、産卵させた翌年の7月頃までタナゴ類の入っていない水槽で飼育することが望ましい。

二枚貝の管理

水槽内で二枚貝に産卵させる場合、注意しなくてはならないのは、ひとつの二枚貝に集中して産卵させないことである。特に、1回の産卵でたくさんの卵を産みつけるヤリタナゴ、タナゴ（マタナゴ）、ゼニタナゴでは、たった1回の産卵でも小さな貝にとっては負担が大きい。タナゴ類は卵を二枚貝の鰓葉腔や鰓上腔に産みつけるが、貝にとってはこのような場所に卵を産みつけられるとエラでの水の流れが悪くなるので、迷惑な話なのである。産卵数が少量であれば、貝の負担も小さく、それによって死亡することはないが、大量であれば、エラでのガス交換が悪くなって死んでしまうことがある。

また、産卵された卵がきちんと発生すれば問題ないが、未受精卵を二枚貝がうまく排出できないと、鰓葉腔などで腐敗したり、水カビが生えたりと、始末が悪い。水カビが発生すると、エラの中にその水カビが広がってしまい、やがて二枚貝が死んでしまう。これでは、せっかく産卵させることに成功しても、繁殖には結びつかない。

そこで、二枚貝をときどき観察して、卵がたくさん入っているようならば、別の水槽へ移動させて、それ以上タナゴ類に産卵させないようにする必要がある。

とはいえ、二枚貝のエラを観察するには、道具が必要である。真珠を作る際にアコヤガイへ挿核するが、その際に用いる開殻器というものを用いると便利である。しかし、残念ながらあまり一般的ではない。そこで、金属製のヘラのようなものを準備し、それを閉じている貝の腹側部前方から中央にかけて差し込み、少しひねると、殻はゆっくり開く。その隙間から懐中電灯で中を照らして、エラにタナゴ類の卵がたくさんあるかどうかを調べるのである。

しかし、それも大変だという人は、タナゴ類の産卵管の長さを観察しておくとよい。産卵期以外では、観察できるかできないかぐらいしか産卵管が見えないが、産卵期になると、まるでフンをつけているように産卵管を伸ばしている。さらに、産卵する当日では、種類によっても異なるが、産卵しない日の産卵管の長さに対して、1.5〜5倍ぐらいの長さに産卵管を伸ばす。そして、産卵が終了した翌日には、再び元の長さに戻ってしまう。

また、産卵する当日の産卵管は通常よりも著しく長く、さらに太く、色が薄くなることが多いので、それらについても指標となる。つまり、産卵管を著しく長く伸ばしたメスがいたならば、二枚貝に産卵をした可能性が高いということになる。産卵後のメスの産卵管は、翌日には元の長さに戻ることが多いが、産卵後すぐに短くなるわけではない。そのため、このような場合に、貝のエラを確認せず

に産卵したと仮定して、別の水槽へ移動させるのがいちばん楽である。

　産卵管の長さが非産卵日の1.5～2倍程度にしか伸ばさない種類としては、ヤリタナゴ、カゼトゲタナゴ、スイゲンゼニタナゴ、カネヒラがあげられる。産卵日に通常の2～3倍程度に伸ばす種類としては、アブラボテ、タビラ類、さらに、通常の3～5倍と非常に長く伸ばす種類としては、タナゴ（マタナゴ）、ゼニタナゴ、イチモンジタナゴ、バラタナゴがあげられる。この産卵管の長さは、それぞれの種類で比較してもおもしろいかもしれない。

　さて、このように産卵させた二枚貝の管理だが、基本的には前述したとおり、長期間の飼育は困難である。春、もしくは春から秋口まで産卵するグループのタナゴ類は、卵や仔魚が二枚貝のエラで生活する期間が通常1カ月以内である。この間、できるだけ環境のよい状態で、二枚貝を飼育しなくてはならない。そのためには、二枚貝を産卵水槽からそっと出して、二枚貝を専用に飼育できる別の水槽へ移動するのが安全である。この時、貝を乱暴に扱ってはいけない。タナゴ類の卵は、産卵後しばらくすると粘着力を持っているが、この粘着力は極めて弱いため、二枚貝が急激に殻を閉じる動作をすると、その水流によってすぐに剥がれてしまい、外に出されてしまうのである。また、できれば卵がふ化するであろう48時間後ぐらいに

移動することが望ましいのだが、そうすると、前述したようにひとつの貝に卵を産みすぎて、貝が死んでしまう危険性もある。

　そこで、水管を広げている二枚貝を急に砂から掘り出さないようにして、少々水流を当てるなどして、水管を閉じさせた後に砂から掘り出すとよい。また、移動させる水槽の水温は、産卵水槽の水温と等しくしておいた方がよい。あまり水温に変化があると、中の卵が正常に発生しなくなったり、貝自体も弱ってしまう。

稚魚の世話

　このようにして、二枚貝を産卵用水槽から、稚魚を浮出させるための別の水槽へそっと移動するようにする。この水槽には、二枚貝のために必ず砂は敷いておく。注意点としては、上部式や外部式など強力なポンプなどを使っ

産卵直前のイチモンジタナゴのメス。産卵管が長く伸びている

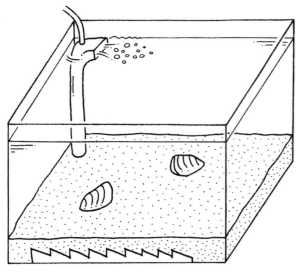

稚魚浮出用水槽の
セッティング例

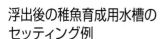

浮出後の稚魚育成用水槽の
セッティング例

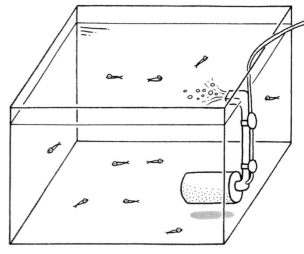

ているフィルターがセットされていると、二枚貝から浮出した稚魚が吸い込まれてしまうため、フィルターは底面式フィルターかスポンジフィルターのようなものを使うとよい。

　次に、浮出してきた稚魚は、別の育成用水槽に移すようにする。というのも、この時期の稚魚の餌として最も適しているアルテミア

のノウプリウス（ふ化させたブラインシュリンプの幼生）は、残餌が砂中に溜まると水質を著しく悪化させてしまうからである。また配合飼料も、やはり残餌が出てしまうと水質を悪化させてしまうのである。

　そこで、稚魚をネットで掬い、砂を敷いていない育成用の水槽へ移動させなくてはならない。

ブラインシュリンプの
わかし方

●用意するもの

①ブラインシュリンプの卵、②500mlのプラボトル（フタにはエアチューブを通す穴を2つ空ける）、③エアポンプ、④エアチューブ、⑤エアストーン

①エアストーンを付けたチューブをセットする。もうひとつの穴には、空気を逃がすために短いエアチューブを通す

②水を入れ、エアポンプの電源を入れる

⑤ふ化したらエアストーンなどを取り除き、水面に浮いた卵の殻などをスポイトで取り除いておく

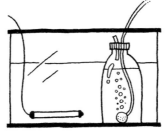

④卵は水温が低いとふ化率が悪いので、冬場はヒーターで保温する。通常は、水温25〜30℃で約24時間ほどでふ化する

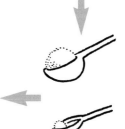

③500mlボトルの場合、塩は大さじ2杯、ブラインシュリンプの卵は商品の規定量通りに投入

⑥ふ化後の幼生は光に集まるので、光を照らし、スポイトで吸い取る

⑦コーヒー用のペーパーフィルターなどで、幼生のみを濾す

⑧ペーパーフィルターを真水に浸け、幼生をスポイトで吸い取り、給餌する

砂を敷いていなければ、残餌が出てもサイフォンなどで吸い出しやすいという利点がある。

移動させる際には、乱暴に扱うと稚魚は簡単に死んでしまうので注意したい。慣れればネットで移動してもよいが、心配な人はネットで稚魚を集め、ネットの中で小さな容器を使って水ごと稚魚を掬ってやるとよい。この方法であれば、まず稚魚に傷がつくことはない。

こうして移動させた稚魚には、前述したようにアルテミアのノウプリウスを与えればよい。初めから人工飼料を与えても育つが、やはり生物餌料を与えた方が成長がよい。

そして、餌をたくさん与え、水換えを頻繁に行なえば、後にプロポーションのよい個体に成長してくれる。餌をたくさん与えるだけで水換えを怠ると、全体的に色が黒ずんだりヒレがきれいに伸びなかったりするので注意したい。

水換えは、稚魚の数によっても異なるが、一般的には週に1回、水量の半分程度を行なうことが望ましい。また、水換え時には新しく入れる水の水温をきちんと合わせることと、水道水の場合には塩素の中和をくれぐれも忘れないようにしてほしい。水換えをしたおかげで、かえって稚魚を全滅させてしまった、ということのないよう十分注意してもらいたい。春産卵型や春から秋に産卵する種類のタナゴでは、このようにすれば、すぐに100匹単位で繁殖させることが可能である。

一方、秋に産卵するゼニタナゴとカネヒラは、10月頃に産卵し、ふ化した稚魚は翌年の5月頃まで二枚貝の中で生活しているため、この間に二枚貝が死んでしまうと仔魚も死んでしまうことになる。よく、冬に水温を上げれば二枚貝から稚魚が浮出してくるのではない

か、と聞かれる。しかし、実際に試したことはあるが、二枚貝の中で生活する期間を1ヵ月程度短くすることはできても、それ以上の短縮は無理であった。

したがって、冬の間は低水温で二枚貝を殺さないように管理するしかない。屋外に、自然環境に近い池を作って、二枚貝を越冬させるのもよいだろう。秋に産卵するタナゴ類は産卵する卵の数は多いが、実際に繁殖させ増やすということは、二枚貝の管理という面で大変難しいのである。

人工受精

タナゴ類を繁殖させるには、2通りの方法がある。ひとつは前述してきたように、二枚貝に産卵させる方法である。この方法は本来のタナゴ類の生態を利用したもので、水槽での産卵行動の観察などもできる。ところが、水槽内では二枚貝になかなか産卵してくれない種類として、カゼトゲタナゴ、スイゲンゼニタナゴ、ヤリタナゴの3種があげられる。

どういうわけか、水槽の中ではこれらの種類は貝に対してなかなか産卵行動をとってくれない。産卵行動をとったとしても、産卵管が出水管に入らず卵を産みつけることに失敗しているようである。なぜ、水槽では産卵に失敗するのかはわからない。

そこで、このような種類を繁殖させるには、人工受精が有利である。特に、カゼトゲタナゴやスイゲンゼニタナゴは人工受精が簡単である。

なお、秋産卵型のタナゴ類でも人工受精はできるが、その後約半年間仔魚の管理をしなくてはならない。また、どういうわけか春産

タナゴの**飼育**

卵型のタナゴ類に比べると稚魚の浮上率が著しく低いため、現時点では効率的な繁殖は望めない。したがって、秋産卵型のタナゴ類の場合は二枚貝に産卵させた方が効率がよいということになる。

人工受精の手順は、まず産卵管を伸ばしたメスをシャーレに置いて、腹部を指でそっと圧迫してやると、簡単に卵が出てくる。その後、オスの腹部を同様に圧迫してやり、採精後、媒精する。これで受精作業は完了である。

媒精から約2分後に、きれいな中和後の水道水で余計な精子を流してやる。この卵をそのままシャーレに入れておけば、水温20℃程度で48時間後にはふ化する。シャーレは、筆者は直径12cm・高さ6cmの腰高シャーレを使用しているが、一般的な高さ1.5cmのものでも問題ない。

そのままシャーレで仔魚を飼育すると約20日で浮上するので、浮上が確認できたら、直ちに育成用水槽へと移動させる。

また、浮上するまでの稚魚は卵黄物質をエネルギー源として生きていくために餌を食べないが、排泄があるので、2〜3日に1回シャーレの水を交換してやるとよい。あまり汚い水で飼育すると、後に奇形になりやすい。また、さほど強い日光は当たらないようにした方が、奇形率が低いようである。

タナゴ類の種類によっては、インキュベータ（低温恒温器）によって温度管理をしっかりしないと浮上までこぎつけないが、アブラボテ、カゼトゲタナゴなどでは、4〜7月であれば、水温が高くならないような場所で管理していれば、きちんとした水温管理をしなくても十分飼育できる。

浮上した稚魚については、二枚貝で繁殖させたときと同じように飼育管理してやればよい。

●人工受精の手順

①シャーレの上に、産卵管の伸びたメスを置く。魚は、必ず濡れた手で扱うこと

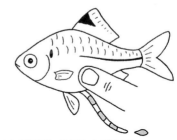

②メスの腹部を、指でそっと圧迫する

③オスの腹部をそっと圧迫し、卵へ向けて放精させる

タナゴ概論

タナゴの現状と保護活動

文／赤井　裕

タナゴ類の減少

　タナゴ類の生態である二枚貝への託卵行動は、小さいときに捕食から逃れることによって仔魚の生残率を上げる、効果的な方法と考えられている。しかし、健康な砂利や砂泥の池底、川底が保全されている川は少なくなり、流れのある場所では洪水防止のためにコンクリート護岸され、流れの止まったところでは汚濁水の大量流入でヘドロ堆積が進み、川底は腐敗して無酸素状態になってしまっている。これらの環境変化は、いずれも二枚貝類の生息地消失の致命的なものになっている。タナゴ類の減少は、このような二枚貝の激減とセットで起きているのだ。

二次的競合と外来種の侵入

　タナゴ類は、それぞれの産地で、何万年もかかって、上手な棲み分け関係を形成している。たとえば同じ場所でも、生息するタナゴ類の種ごとに、産卵に好む貝の種や大きさが微妙にずれており、これが他種との共存を可能にしているのだ。しかし、タナゴ類の生息環境は悪化し、二枚貝も減ってしまった。す

るとタナゴ類は、本当に好みの貝でなくても、少しでも似た特徴の二枚貝を探し、なんとか産卵しようとするのである。こうなると、産卵貝を巡って、別種同士の間に競争が起こるようになり、結局何種かが絶滅してしまうことにつながる。このような現象は、環境の均質化による二次的競合といい、人間の影響によって生物が絶滅する、代表的なパターンのひとつと考えられている。

　また、タイリクバラタナゴが「生態系被害防止外来種リスト」の「重点対策外来種」に指定されたり、中国産とみられるオオタナゴが霞ヶ浦に定着し「特定外来生物」に指定されるなど、日本の野生生物を巡る重要課題となっている外来種問題は、タナゴ類にも生じている。

　タイリクバラタナゴが各地に入ったことは、それ自体が、それまでの各地のタナゴ類の棲み分け関係を乱す原因になる。かつて、あるミヤコタナゴの生息地にタイリクバラタナゴが侵入した際に、6月には生息数がわずかであったにも関わらず、同年の12月には、小型のタイリクバラタナゴが大量に生存していた。それに対し、大型に成長したミヤコタナゴの個体は、みな痩せ細って、次第に消耗してい

田んぼ脇の用水路で採集された奇形のヤリタナゴ（メス）。まったく同じ形をしたものが短時間で2匹採れたことから、偶然の変異個体ではなく、農薬の影響の可能性もある

く状況が観察された例がある。

　また、タイリクバラタナゴは他のタナゴ類に比べて産卵期が比較的長く、また、その産卵期間中に1個体が何回も産卵するようなのだ。このことは、限られた貝を多くのタナゴ類が競合利用した場合にも、タイリクバラタナゴの方が多く生き残ることにつながる。

　この他、数多くの要因から、外来種の侵入が複合要因として、日本産のタナゴ類に悪影響を与えているのが現状なのである。

各種の保護について

●ミヤコタナゴ
※国指定天然記念物、種の保存法国内希少野生動植物種、環境省版レッドデータブック絶滅危惧ⅠA類

　関東地方で、天然生息地が最後まで残ってきた千葉県と栃木県では、生息地保全のための対策が行なわれてきたが、決定的な打つ手は少なく、保護への取り組みが本格化した過去15年間の間にも、急激な減少は続いている。ミヤコタナゴは、湧水に関連する小規模な池や小川に生息しており、排水効率を良くするなど水田スタイルが近代化することが、絶滅に直結してしまう。また、機械化が行なわれず、旧来の手間のかかる手作業のスタイルの水田が残る場所でも、伝統的な農法の担い手が高齢化し、世代交代などを機にそのような手間のかかる水田が放棄されて荒れ地化するなど、絶滅の方向に進んでしまう。ミヤコタナゴの急激な減少は農業のスタイルと直結しているため、単純に囲いを設けて守るようなことができない点が、難しさとなっている。

　現在このような観点から、千葉県下では、伝統的農業とミヤコタナゴの生息地保全を両立させる計画が実行されようとしている。また、ミヤコタナゴの生息地を、水田など従来どおりの私有地としてではなく、自然学習公園のように行政が公有地化して保護する試みも考えられてはいるが、予算がかかるため実現は容易ではない。

●イタセンパラ
※国指定天然記念物、種の保存法国内希少野生動植物種、環境省版レッドデータブック絶滅危惧ⅠA類

　西日本に発達した、大河川の下流部にできた小さなワンドなど、小規模だが安定した止水域は、本種の稚魚の生息地だった。しかし、湖岸や池などの干拓（水田化）事業や、河川の護岸・改修事業が、本種の生息地を根こそぎ消滅させる原因になっている。

　本種の保護には、生息している小さな止水域空間を現状保存することが、もっとも有効だと考えられる。そのため、河川敷公園などを設定して、生息するワンド域などを自然なサンクチュアリとして位置づけるなど、新しい保護対策が必要になっている。なお、このような比較的大きな都市型河川の生息地保全には、水質環境の改善が伴わなくてはならず、一部の保護団体による種の保存活動がみられるものの、総合的な保護対策は進んでいない。

●スイゲンゼニタナゴ
※種の保存法国内希少野生動植物種、環境省版レッドデータブック絶滅危惧ⅠA類

　本種は、江戸時代頃までに用水として引かれた、人工の中小河川に多く生息していた。しかし、そのような生息地は流れの「途中」

レッドデータブック 「レッドリスト2020」より

カテゴリー	選定されているタナゴ類
絶滅危惧ⅠA類（ごく近い将来における絶滅の危険性が極めて高い種）	ミヤコタナゴ、イタセンパラ、ニッポンバラタナゴ、スイゲンゼニタナゴ、イチモンジタナゴ、ミナミアカヒレタビラ、セボシタビラ、ゼニタナゴ
絶滅危惧ⅠB類（ⅠA類ほどではないが、近い将来における絶滅の危険性が高い種）	タナゴ、アカヒレタビラ、シロヒレタビラ、キタノアカヒレタビラ、カゼトゲタナゴ
絶滅危惧Ⅱ類（絶滅の危険が増大している種）	なし
準絶滅危惧（現時点では絶滅危険度は小さいが、生息条件の変化によっては「Ⅱ絶滅危惧」に移行する可能性のある種）	ヤリタナゴ、アブラボテ

であるために、上下流の開発や水利用の変化などの影響を受けてしまう。また、その生息範囲だけを単独で保全することができないため、そのことが本種の保護を難しくしている。そこで、本種の生息に適した環境を創出した「分流」をつくって、公園などに取り込み、保護を図るような方法が必要かもしれない。広島県の芦田川や岡山県の旭川水系の祇園用水などでは、中規模ではあるが、地元の高校の生物部や保護団体が中心となって、保護活動が行なわれている。

レッドデータブックについて

環境省では、1991年から、我が国における希少な野生動植物の種の現状（レッドデータブック）をとりまとめ、順次改訂作業を行なっている。また国連や国の方針に従い、現在30以上の都道府県でも、地域版レッドデータブックが作成されるようになった。

レッドデータブックは、単に希少種のリストを紹介するものではなく、現代の環境破壊や環境問題が、どのような自然をもっとも破壊してしまうかを知る重要なデータ集だ。最近では量的な数値基準が採用されるようになり、成熟個体数の減少、生息地面積の減少、総個体数など5つの基準が設けられ、その度合いによって、たとえば80％以上消失なら絶滅危惧ⅠA、50％以上ならⅠBなどとランクされる。

タナゴ類にはレッドデータに取り上げられた種が多い。私たちタナゴ類を知る者たちは、この現状を社会にアピールし、少しでも保護に役立つように行動したい。

種の保存法について

レッドデータブックが、現状のデータ集であり、直接の法律的な拘束力がないのに対し、それら最近のデータに照らし、実際に種を絶滅のおそれから救うための法律が、種の保存法（1992年制定）だ。ワシントン条約で取り上げられた国外種と、政府が独自に選定した国内種の両方の指定がある。採集、販売やそれを目的とした展示（ネット販売などで種名を載せることも該当する）を禁じている。タナゴ類では現在、イタセンパラ、ミヤコタナゴ、スイゲンゼニタナゴが指定されている。

なお、希少野生生物に対して国が指定をして保護するケースには、文化財保護法（1950年制定）による天然記念物という指定もある。こちらは現状を維持する色彩が強く、許可を得た飼育個体でも移動に厳しかったり、生息地自体でなくても、周辺で悪影響を及ぼす可能性のある行為の停止を指導できたりと、同じ保護とは言っても、多少違った役割や側面をもった法律である。現在までに、イタセンパラとミヤコタナゴが、特に地域を定めない国指定の天然記念物になっている。

赤井　裕 （あかい　ゆたか）

1963年生まれ。東京都在住。株式会社広瀬嘱託専門員。日本生態系協会客員研究員。元・株式会社広瀬取締役。自然環境の保全再生に長く携わり、日本及びアジアの水環境・水生生物に特に詳しい。アクアリウム分野の技術解説にも定評があり、関連著書・執筆記事多数。主な著書に、『都市の中に生きた水辺を』、『タナゴのすべて』、『タナゴ大全』、『環境教育がわかる事典』（いずれも共著）などがある。

秋山信彦 （あきやま　のぶひこ）

1961年生まれ。静岡県在住。博士（水産学）。東海大学海洋学部水産学科教授。東海大学大学院海洋学研究科海洋資源学専攻修了。大学では水族繁殖学、水産餌科・栄養学、魚族初期育成学持論を教えている。趣味は昆虫（蝶）採集、魚は仕事？

現在、横浜市ミヤコタナゴ保護調査委員会の委員として、横浜のミヤコタナゴ生息地復元事業に参加している。また、横浜市産のミヤコタナゴを継代飼育し、2004年現在22～25世代の合計12000個体を保護育成中。主な著書『川魚入門 採集と飼育』（マリン企画）、『川魚 完全飼育ガイド』（共著：マリン企画）、『しずおか自然図鑑』（共著：静岡新聞社）、『新版・駿河湾の自然、東海大学海洋学部編』（共著：静岡新聞社）、『池や小川の生きもの』（講談社）

鈴木伸洋 （すずき　のぶひろ）

1954年生まれ。農学博士。日本大学大学院農学研究科水産学専攻博士後期課程修了。
鹿島建設技術研究所研究員、農林水産省水産庁研究所室長、東海大学海洋学部を経て現在は国立研究開発法人水産研究・教育機構フェロー。静岡県在住だが、週末は自然豊かな三重県の伊勢で過ごすのが楽しみ。国立科学博物館で、淡水魚の分類では草分け的研究者であった故中村守純博士の下でフナ類の交雑に関する研究で卒業研究を行なったのが淡水魚研究の動機となり、博士論文では「タナゴ類の初期発育史ならびに系統的形質に関する研究」がテーマになった。以来、タナゴの仲間とは約20年来の付き合いとなるが、学生当時からタナゴの仲間は人間社会との共生の象徴的生物であった。「まだまだ分からないことだらけのタナゴの仲間ですが、読者がこの本を動機にタナゴ類について興味を持って頂ければ幸いです」

増田　修 （ますだ　おさむ）

1963年生まれ。兵庫県在住。出身地は、兵庫県の日本海側に位置する美方郡浜坂町。幼少の頃より生き物好きで、飯も食べずに魚採りや虫採りに夢中になっていた。1982年に東海大学海洋学部水産学科に入学し、在学中に魚や貝の採集に日本各地を走りまわり、今なを陸貝や淡水貝類の採集は続いている。姫路市立水族館に勤務し、当初から希少淡水魚の増殖に努めてきた。趣味は夏から秋のアユ釣りやイカ釣りの釣行、晩秋から初夏のマダイやメバル釣りと魚料理。風蘭などの東洋ランや多肉植物の栽培、生物の写真撮影など。主な著書『日本産淡水貝類図鑑②汽水域を含む全国の淡水貝類』（共著：Pisces）、兵庫の川の生き物図鑑（分担執筆：兵庫陸水生物研究会）、田んぼの生きものたち タニシ「農山村文化協会」、改訂・日本の絶滅のおそれのある野生生物―レッドデータブック―　6　陸・淡水産貝類（分担執筆：自然環境研究センター）、兵庫の貴重な自然　兵庫県版レッドデータブック貝類・その他無脊椎動物（分担執筆：ひょうご環境創造協会）、姫路の地魚食彩図鑑「姫路市水産漁港課」など。

協力／アクアフィールド、池袋西武百貨店屋上熱帯魚売場、伊藤熱帯魚、大阪府水生生物センター、葛島一美、神畑養魚（株）、近畿大学農学部水産学科、（株）クロコ、江東区中川船番所資料館、埼玉県滑川町教育委員会エコミュージアムセンター、魚工房、（有）さがみ水産、ジェックス（株）、（有）湘南アクアリウム、鈴木久雄、生体の総合卸イソップ、淡水魚研、東海大学海洋学部水産学科、東作・本店、日本観賞魚貿易（株）、（株）日本水族館、姫路市立水族館、平安神宮、ペットエコ横浜都筑店、丸湖商事（株）、名東水園リミックス、（株）豊商事、（株）ヨシダ、吉田観賞魚販売（株）、（株）リオ

[構成・編集]	伊藤史彦
[撮 影]	橋本直之
	石渡俊晴
	アクアライフ編集部
[写 真 協 力]	秋山信彦
	小川力也
	駒木根一男
	小松直樹
	鈴木伸洋
	増田 修
[イラスト]	いずもり・よう
[デ ザ イ ン]	小林高宏
[D.T.P.]	山﨑利勝

釣り・飼育・繁殖完全ガイド

新訂版 タナゴのすべて

2020年11月1日 初版発行
※2004年発売の「タナゴのすべて（ISBN4-89512-529-7）」をもとに加筆修正したものです

[発行人]	石津恵造
[発 行]	株式会社エムピージェー
	〒221-0001
	神奈川県横浜市神奈川区西寺尾2丁目7番10号
	太南ビル2F
	TEL.045（439）0160
	FAX.045（439）0161
	https://www.mpj-aqualife.com
[印 刷]	図書印刷

本書についてご感想を投稿下さい。
http://mpj-aqualife.com/question_books.html